主编 中国建设监理协会

中国建设监理与咨询

26
2019 / 1
总 第 26 期

CHINA CONSTRUCTION
MANAGEMENT and CONSULTING

U0267360

中国建筑工业出版社

图书在版编目（CIP）数据

中国建设监理与咨询.26/ 中国建设监理协会主编.—北京：中国建筑工业出版社，2019.4
ISBN 978-7-112-23536-0

Ⅰ.①中⋯　Ⅱ.①中⋯　Ⅲ.①建筑工程—监理工作—研究—中国
Ⅳ.①TU712.2

中国版本图书馆CIP数据核字（2019）第057117号

责任编辑：费海玲　焦　阳
责任校对：芦欣甜

中国建设监理与咨询　26

主编　中国建设监理协会

*

中国建筑工业出版社出版、发行（北京海淀三里河路9号）
各地新华书店、建筑书店经销
北京雅盈中佳图文设计公司制版
天津图文方嘉印刷有限公司印刷

*

开本：880×1230毫米　1/16　印张：$7\frac{1}{2}$　字数：233千字
2019年2月第一版　2019年2月第一次印刷
定价：**35.00**元
ISBN 978-7-112-23536-0
（33805）

编辑部

地址：北京海淀区西四环北路 158 号
　　　慧科大厦东区 10B

邮编：100142

电话：（010）68346832

传真：（010）68346832

E-mail：zgjsjlxh@163.com

中国建设监理与咨询

26
2019 / 1
总第26期

CHINA CONSTRUCTION
MANAGEMENT and CONSULTING

目录 # CONTENTS

■ 行业动态

"广东省建设工程监理服务消耗（工日）定额"课题验收会在广州召开　6

天津市建设监理协会召开第四届三次会员代表大会暨理事会　6

武汉建设监理与咨询行业协会第五届五次会员大会暨2018年年会圆满召开　7

■ 政策法规消息

住房和城乡建设部安委会部署今年安全生产6项重点工作　8

关于印发《住房和城乡建设部工程质量安全监管司2019年工作要点》的通知　9

■ 本期焦点：聚焦中国建设监理协会六届二次理事会

关于中国建设监理协会2018年工作情况和2019年工作安排的报告 / 王早生　13

在中国建设监理协会六届二次理事会上的总结发言 / 王学军　17

做好"双向服务"引领行业健康发展 / 李伟　20

发挥优势　凝聚共识　持续提升行业协会的公信力
　　——河南省建设监理协会工作简述 / 孙惠民　22

深化服务　规范运行
　　——云南省建设监理协会六届理事会工作汇报 / 杨丽　27

■ 监理论坛

工程监理新模式在巴斯夫（重庆）MDI项目上的成功应用 / 刘青春　张迪　31

基于监理企业责任的危险性较大工程分部分项工程安全管理研究 / 周敏　35

混凝土装配式建筑控制要点 / 耿秀琴　38

城市轨道交通工程盾构施工工法之监理管理工作浅谈 / 马连增　郭中华　44

浅析山地光伏发电项目监理控制要点 / 王德成　53

监理顶层设计七思"破"局 / 翟春安　59

"三标"管理体系在监理服务过程中的应用 / 金志刚　62

谈工程监理文件资料管理标准化在工程建设中的作用 / 李琳　65

■ 项目管理与咨询

简论项目管理的成本管理 / 霍斌兴　69

紧跟行业发展趋势，积极谋划转型升级　73

　　——对外援助成套项目全过程工程咨询服务实践 / 段宏亮　徐慧　73

以项目管理思维开展全过程工程咨询 / 周俭　77

■ 创新与研究

从全过程工程咨询两个"征求意见稿"浅析全过程工程咨询试点应采取模式 / 申长均　王宏海　80

大数据思维在项目质量管理中的应用 / 万方勇　83

■ 人才培养

"弘扬劳模和工匠精神"，强化企业管理制度与人才培养 / 赵锐　88

建设工程监理人才培养研究与实践 / 沈万岳　王德光　90

■ 人物专访

不忘初心，为国家发展而拼搏——记北京中城建建设监理有限公司吴江虹　94

■ 企业文化

群策群力、诚信经营，全力助推公司快速健康发展 / 郝玉新　97

"广东省建设工程监理服务消耗（工日）定额"课题验收会在广州召开

广东省建设监理协会组织编制的"广东省建设工程监理服务消耗（工日）定额"课题验收会于2019年1月21日在广州顺利召开。会议由协会秘书长李薇娜主持，协会孙成会长出席了会议。参加会议的验收组专家有叶巧昌科长（广东省建设工程标准定额站）、陈云武副经理（广州珠江工程建设监理有限公司）、范宗杰总工程师（中海监理有限公司）、隋建军经理（广东重工建设监理有限公司）、叶予副总经理（广州高新工程顾问有限公司），以及课题编制组组长钱伟文总经济师（广州市市政工程监理有限公司）和协会发展部主任黄鸿钦，验收组组长由叶巧昌科长担任。

会上，编制组组长钱伟文代表课题编制组对编制背景、测算方法、数据收集、编制过程及成果内容进行了详细汇报后，专家们对课题进行了全面评审，认为本课题是国内第一部反映监理服务消耗（工日）量的定额，为社会各界提供了监理服务消耗（工日）量和监理服务成本费用的计算方法，对监理企业进行监理服务报价具有一定的指导意义；测算方法简易可行，测算结果较合理，基本能反映监理服务消耗（工日）量的社会平均水平，为促进工程监理行业健康发展具有积极作用。与会专家一致同意课题通过评审验收。

协会孙成会长作会议总结。他表示，本课题属于监理服务消耗量计算的新尝试，继续把握好编制的合理性及科学性，并结合行业实际情况提高实用性，认真吸取验收组专家意见后修改完善，在进一步广泛征求意见后争取形成行业定额。同时对课题组和验收组专家的辛勤付出表示感谢。

天津市建设监理协会召开第四届三次会员代表大会暨理事会

2019年1月22日下午，天津市建设监理协会第四届三次会员代表大会暨理事会在天津市政协俱乐部四楼会议厅召开。中国建设监理协会温健副秘书长、天津市社管局社团处游天丰老师应邀出席了会议。协会理事会、监事会、会员代表、专家委、专业委及自律委共170余人参加了会议。会议由天津市建设监理协会马明秘书长主持。

大会伊始播放了《天津市建设监理协会纪念工程监理制度建立30周年》影像片。随着一帧帧画面，回顾了30年前国家正式推出工程建设监理制度，监理行业开始了砥砺前行，艰苦奋斗的岁月。展示了30年来天津监理行业从无到有，从弱到强，逐步发展壮大的辉煌历程。

天津市建设监理协会第四届三次会员代表大会，首先由天津市建设监理协会郑立鑫理事长作《天津市建设监理协会2018年工作总结暨理事长述职报告》。报告从练内功强素质、重管理、树形象；履行职责，服务企业办实事；落实四届二次理事会决议，全面推进3个办法实施；创新发展团体标准，提升监理服务质量；纪念工程监理制度建立30周年；凝聚行业力量，助力脱贫攻坚等6个方面总结了2018年工作。

霍斌兴副理事长宣读了《天津市建设监理协会2018年度天津市监理企业、监理人员诚信评价结果的公告》（津监协〔2019〕1号）和《关于表彰2018年度天津市建设监理协会先进监理企业、优秀总监理工程师、优秀专业监理工程师及优秀协会工作者的决定》（津监协〔2019〕2号）。

庄洪亮副理事长宣读了《天津市建设监理协会2018年度财务决算与2019年度财务预算报告》。

马明秘书长宣读了第四届二次理事会"关于天津市建设监理协会注销天津市天津建设监理培训中心的决定"落实情况的报告。

吴树勇副理事长宣读了《天津市建设监理协会2019年度工作要点》，提出了天津监理协会2019年工作总体思路，从加强协会党组织建设增强协会向心力、强化法人治理结构保证协会合法合规运行、创新发展团体标准助力提升服务质量、发挥协会桥梁纽带作用健全政企沟通交流机制、明确业务培训思路促进行业人才建设等5个方面安排部署了2019年度协会工作。

庄洪亮副理事长宣读了《关于调整天津市建设监理协会第四届理事会副理事长的议案》，经过不记名投票，通过了此项议案并形成理事会决议。

中国建设监理协会温健秘书长发表重要讲话。讲话指出，2018年是国家改革开放40周年，也是监理制度实施的第三十个年头。回顾这30年，在工程监理法规体系的建立和完善、政府主管部门的大力监管、高等院校和专家学者对于工程监理理论的积极研究和探索，以及监理企业及行业协会的努力下，我国工程监理行业的发展取得了显著的成绩。

在取得成绩的同时也应该看到，当前形势下工程监理依然是挑战与机遇并存，工作中也依然存在着管理体制机制不健全、工程监理咨询服务作用发挥不充分、从业人员素质参差不齐、行业核心竞争力不突出等突出问题。这就要求监理人紧紧围绕行业改革发展大局，统一思想和行动，准确把握新时代发展的特点、脉络和关键，针对监理行业当前存在的突出问题，扎实推动开展各项工作，以推进建筑业供给侧结构性改革为主线，着力创新发展，加快推进行业平稳转型升级。

旧岁已展千重锦，新年更上一层楼。站在2019年的新起点，天津市建设监理协会将以"改革、发展、创新"为主线，以促进天津市监理行业的健康发展为宗旨，准确把握天津市监理行业发展方向，在全市监理行业同仁的齐心协力下，继续推动监理行业更好地发展，用奋斗点亮希望之光，让进取实现监理梦想。

至此，天津市建设监理协会第四届三次会员代表大会暨理事会圆满结束。

（段琳　刘磊　提供）

武汉建设监理与咨询行业协会第五届五次会员大会暨2018年年会圆满召开

武汉建设监理与咨询行业协会于2019年1月15日下午在湖锦新荣店一楼华宴厅隆重举行第五届五次会员大会暨2018年年会，133家会员企业近300人参会。会议由协会副会长、本月轮值领导夏明和常务理事郭家丽主持。

会上，会长汪成庆作热情洋溢的新年致辞，会议审议通过了《关于调整会费标准的报告（审议稿）》。

会议依次由秘书长陈凌云作协会2018年工作总结报告；监事长杜富洲作"纪念工程监理制度推行30周年武汉建设监理与咨询行业'华胜杯'工程质量安全知识竞赛"活动总结报告；常务副会长杨泽尘以"凝神聚力，携手同行，共创协会理论研究与宣传通联工作新佳绩"为主题作武汉建设监理与咨询行业协会2018年度理论研究与宣传通联工作报告。

会议先后对2018年度武汉建设监理与咨询行业"优秀自治小组"、知识竞赛组织奖和支持单位、2018年度武汉建设监理与咨询行业通联工作优秀个人、优秀论文、先进单位进行了表彰。

本次会议还穿插进行了幸运抽奖活动，中奖率高达60%以上。满载着一年的辛劳与付出、播种与收获，会议最后在大家的共同举杯中圆满结束。

（徐晶　提供）

住房和城乡建设部安委会部署今年安全生产6项重点工作

2019年1月17日，按照王蒙徽部长批示要求，住房和城乡建设部安全生产管理委员会召开全体会议，深入学习贯彻习近平总书记、李克强总理关于安全生产重要指示批示精神，认真落实党中央、国务院关于安全生产的决策部署，统筹安排2019年安全生产6项重点工作。住房和城乡建设部安全生产管理委员会主任、副部长易军主持会议。

易军指出，住建部安委会各成员单位要坚持以习近平新时代中国特色社会主义思想为指导，增强"四个意识"，坚定"四个自信"，做到"两个维护"，深刻认识抓好安全生产工作的极端重要性。认真学习贯彻习近平总书记、李克强总理关于安全生产重要指示批示精神，按照国务院安委会全体会议和全国安全生产电视电话会议部署，坚持问题导向，突出重点领域和薄弱环节，下更大气力抓好安全生产工作，坚决守住安全底线，为维护人民群众生命财产安全和推进经济高质量发展作出新贡献。

2019年是中华人民共和国成立70周年，是全面建成小康社会，实现第一个百年奋斗目标的关键之年。住建部安委会各成员单位要强化责任担当，牢固树立安全发展理念，以防范化解重大安全风险、坚决遏制重特大事故为重点，进一步强化红线意识和底线思维，勇于担当，主动作为，精准发力，突出抓好2019年安全生产6项重点工作落实，着力提高本质安全水平，推动安全生产形势稳定向好。

一是加强制度和标准规范建设。按照工程建设标准化改革要求，推动轨道交通、道路交通、市政工程、燃气工程、石油化工等领域的工程建设标准编制工作，完善相关安全防护内容。二是深入推进

建筑施工安全专项治理。强化危险性较大的分部分项工程安全管理，突出房屋市政工程施工现场的起重机械、高支模、深基坑等危险性较大的分部分项工程以及城市轨道交通工程、地下综合管廊的安全管控。强化重大风险预防控制，持续深入开展隐患排查治理，坚决遏制重特大事故发生。加大事故查处问责力度，研究完善对事故责任企业和人员的处罚措施，严格事故责任追究。三是抓好市政公用设施运行安全管理和城市管理监督工作。指导督促各地深入推进城镇燃气使用环节安全治理，确保城镇燃气安全管理制度落实到位。加强供热、供水、环卫设施安全管理，作好综合管廊安全生产和运维管理工作，强化城市桥梁安全防护设施隐患排查治理，加快城市排水易涝点整治进度。加大城市管理执法力度，强化日常巡查工作，对人员密集、问题多发的重点场所、区域提高巡查频率。四是加强城镇房屋和农房质量安全管理。研究制定《物业服务导则》，规范房屋共用部位管理、共用设施设备运行养护、公共秩序维护等服务行为，不断提高物业服务水平。加强棚户区改造和公租房项目工程安全监管工作，不断提高工程质量安全水平。推进农村危房改造工作，强化施工现场巡查指导与监督，严格执行质量安全检查合格与补助资金拨付进度相挂钩的制度，确保改造后房屋的质量安全。五是突出抓好危险化学品安全综合治理。全面摸排安全风险，加强重大危险源管控，突出抓好城镇燃气使用、公用设施运营、园林绿化、建筑施工、房地产业、公用设施管理业等重点行业危险化学品安全治理和资质管理、标准完善等工作，坚决遏制危险化学品重特

大事故发生。六是继续强化安全生产领域协调配合。按照有关要求，完善部内协调机制，加强应急体系建设，不断完善相关技术标准并督促各地严格执行，统筹推进城市安全运行相关工作。

易军强调，岁末年初历来是事故易发多发期，也是安全生产关键时期，各类企业要把安全责任落实到每个环节、每个岗位和每名员工。要加强应急值守，严格落实领导干部带班，关键岗位24小时值班制度和事故信息报告制度，完善

各项应急预案，努力为人民群众欢度春节和"两会"顺利召开创造良好环境。住建部安委会各成员单位要始终绷紧神经，进一步强化政治责任，树牢安全发展理念，认真履职尽责，加强协作配合，有效控制事故总量，坚决遏制重特大事故发生，确保住房和城乡建设系统安全生产形势总体稳定，为中华人民共和国成立70周年创造良好的安全环境。

（摘自《中国建设报》黄梅　冷一楠收集）

关于印发《住房和城乡建设部工程质量安全监管司2019年工作要点》的通知

建质综函〔2019〕4号

各省、自治区住房和城乡建设厅，直辖市住房和城乡建设（管）委，北京市规划和自然资源委，新疆生产建设兵团住房和城乡建设局：

现将《住房和城乡建设部工程质量安全监管司2019年工作要点》印发给你们。请结合本地区、本部门的实际情况，安排好今年的工程质量安全监管工作。

附件：住房和城乡建设部工程质量安全监管司2019年工作要点

中华人民共和国住房和城乡建设部工程质量安全监管司

2019年2月15日

附件

住房和城乡建设部工程质量安全监管司2019年工作要点

2019年，工程质量安全监管工作坚持以习近平新时代中国特色社会主义思想为指导，全面贯彻落实党的"十九大"和十九届二中、三中全会精神，认真贯彻落实党中央国务院重大决策部署，按

照全国住房和城乡建设工作会议工作部署，稳中求进、改革创新、担当作为，持续完善工程质量安全保障体系，深入开展建筑工程质量提升行动和建筑施工安全专项治理，全面提升工程质量安全水平。

一、完善工程质量安全管理制度，促进建筑业高质量发展

（一）深入开展建筑工程质量提升行动。推动建筑工程品质提升行动指导意见出台，制定落实建设单位工程质量责任的规定。在部分地区开展住宅工程质量公示制度试点，鼓励地方开展建筑品质工程创建活动，总结形成可复制、可推广的试点经验。推进建立建筑工程质量评价制度。

（二）落实工程质量安全手册制度。以工程质量安全手册为切入点，加强工程质量安全基础建设。指导地方制定工程质量安全手册实施细则，编制相关配套图册和视频，组织宣传培训，督促工程建设各方主体认真落实工程质量安全手册要求，对执行良好的企业和项目给予激励，对不执行或执行不力的依法依规严肃查处并通报批评。

（三）统筹开展工程质量安全监督检查。落实住建部检查考核工作总体部署要求，开展工程质量安全监督执法检查，重点检查各地工作落实情况、工程质量安全手册执行情况等。加强施工工地扬尘污染防治工作，监督和指导各地切实落实责任，督促建设单位和施工单位全面落实各项防尘降尘措施。加强对保障性住房、安置房等工程质量的督查，确保工程质量。

（四）加强质量安全创新发展研究。与高校、科研院所等研究机构建立合作机制，重点开展质量安全监管体制机制创新、质量安全监督机构职责定位和适应市场化监管手段研究，为质量安全发展提供智力支撑和政策储备。

二、开展建筑施工安全专项治理，推动安全生产形势好转

（一）注重防范重大安全风险。突出起重机械、高支模、深基坑等危险性较大的分部分项工程，严格执行施工方案编制、论证及实施等制度，督促落实施工现场常态化隐患排查责任，注重发挥安全风险管控和隐患排查治理双重预防机制作用，坚决遏制重特大事故发生。协调有关危险化学品安全综合治理工作。

（二）加大事故查处问责力度。依法依规严肃查处事故责任企业和人员，注重精准处罚，重点督办较大及以上事故查处工作。督促省级住房和城乡建设主管部门加大对一般事故的查处力度，继续对事故多发及查处工作薄弱地区省级主管部门实施约谈制度。

（三）创新安全监管模式。贯彻落实《中共中央国务院关于推进安全生产领域改革发展的意见》，抓紧研究出台建筑施工安全改革发展的政策措施，按照"放管服"要求简化企业安全生产许可，推行"双随机，一公开"制度，加强事中事后监管。

（四）推进监管信息系统建设。加快建设全国建筑施工安全监管信息系统，积极推进"互联网 +"监管，用信息化促进业务协同与流程优化，提高监管效能。加强数据综合利用，发挥数据在研判形势、评估政策、监测预警等方面的作用。

三、构建城市轨道交通工程双重预防机制，提高风险防控水平

（一）建立健全双重预防机制。着力构建城市轨道交通工程安全风险管控和隐患排查治理双重预防机制，制定管理办法。开展轨道交通工程关键节点施工前安全核查，强化盾构施工安全风险防控。

（二）推动质量安全标准化管理。按照城市轨道交通工程土建施工质量标准化管理技术指南的要求，推动质量行为和实体质量标准化管理。加强工程建设各环节质量管控，严格落实单位工程验收、项目工程验收和竣工验收制度。开展城市轨道交通工程安全标准化管理技术研究。

（三）加快技术推广应用。稳步推进城市轨道交通工程 BIM 应用指南实施，加强全过程信息化建设。制定城市轨道交通工程创新技术导则，提升城市轨道交通工程质量安全保障水平。

四、积极推进绿色建造，促进建筑业技术进步

（一）倡导绿色建造理念。落实"适用、经济、绿色、美观"新建筑方针，组织编制绿色建造与转型发展培训教材，有针对性开展教育培训，倡导、宣传绿色建造理念及工作方法，指导各地因地制宜推进绿色建造。

（二）推广绿色建造技术。组织编制绿色建造技术导则，探索建立绿色建造技术推广目录，加快推动绿色建造技术综合应用。开展绿色建造项目试点，加强绿色建造技术管理经验交流，提高绿色建造实践水平。

（三）推进 BIM 技术集成应用。支持推动 BIM 自主知识产权底层平台软件的研发。组织开展 BIM 工程应用评价指标体系和评价方法研究，进一步推进 BIM 技术在设计、施工和运营维护全过程的集成应用。

五、加强工程抗震设防管理，提高城镇房屋建筑抗震防灾能力

（一）开展城镇住宅抗震性能排查。组织编制城镇住宅抗震性能排查工作指南，指导各地加快开展排查工作，摸清地震灾害易发区未抗震设防及抗震设防能力不足的城镇住宅底数，建立城镇住宅抗震管理信息系统。

（二）实施城镇住宅抗震加固工程。制定城镇住宅抗震加固工程实施方案，指导地震灾害易发区合理确定阶段目标，完善相关政策机制，有计划、分步骤实施住宅抗震加固工程。编制城镇住宅抗震加固技术导则，为各地抗震鉴定及加固活动提供技术支持。

（三）推广应用减震隔震技术。在地震灾害易发区学校、医院推广应用减震隔震技术，研究制定减震隔震建筑工程质量管理办法，明确并强化减震隔震建筑工程相关主体责任，加强减震隔震建筑工程全过程质量监管。

（四）完善抗震防灾法规制度。配合司法部加快推进《建设工程抗震管理条例》立法进程，研究完善超限高层建筑工程抗震设防审批等相关规章制度，提高抗震防灾工作法制化、规范化水平。

2019 年，工程质量安全监管司将在住建部党组的坚强领导下，进一步增强"四个意识"，坚定"四个自信"，坚决做到"两个维护"。坚持以党的政治建设为统领，进一步压实全面从严治党的政治责任，深入推进党风廉政建设和反腐败斗争，坚定不移贯彻执行中央八项规定和实施细则精神，持之以恒正风肃纪，推进全面从严治党向纵深发展。坚持加强干部政治理论学习，提高政治站位，增强工作本领，为住房和城乡建设事业高质量发展作出新的贡献，以优异成绩迎接新中国成立 70 周年。

本期
焦点

聚焦中国建设监理协会
六届二次理事会

2019 年 1 月 17 日，中国建设监理协会六届二次理事会会议在昆明市召开，222 名理事参加会议，出席人数符合法定人数。云南省住房和城乡建设厅建筑市场监管处副处长白庆武到会并致辞。副会长兼秘书长王学军主持会议并作会议总结。

中国建设监理协会会长王早生作中国建设监理协会 2018 年度工作总结和 2019 年工作要点报告。

会议审议并通过了《关于中国建设监理协会 2018 年度工作情况和 2019 年工作安排的报告》《中国建设监理协会会员信用管理办法》《中国建设监理协会关于调整、增补理事的情况报告》《中国建设监理协会关于发展会员的情况报告》《中国建设监理协会关于清退会员的情况报告》。

北京市建设监理协会会长李伟，河南省建设监理协会常务副会长兼秘书长、云南省建设监理协会会长杨丽在会上进行了专题发言。

关于中国建设监理协会2018年工作情况和2019年工作安排的报告

王早生
中国建设监理协会会长

各位理事：

今天，中国建设监理协会在昆明召开六届二次理事会，现在我向各位理事报告协会2018年主要工作情况和2019年工作安排，请各位理事审议。

第一部分 协会2018年工作情况

2018年，协会紧紧围绕行业发展，在住房城乡建设部的指导下，在大家的共同努力下，做了以下主要工作：

一、协会建设方面

（一）组织召开协会换届大会

协会于2018年1月在北京召开六届会员代表大会和六届一次理事会，选举产生了287名理事、50名常务理事，会长、12位副会长和秘书长。同时召开六届一次常务理事会，审议通过了六届理事会工作安排和协会2018年工作要点。会后，按照民政部要求完成了有关事项备案、变更法人和负责人登记等手续。

（二）不断加强协会党建工作

经住房城乡建设部社团一党委批准，协会于2018年1月完成党支部换届工作。党支部组织全体党员认真学习贯彻落实习近平新时代中国特色社会主义思想和十九大精神，坚持"三会一课"制度，开展"两学一做"学习教育活动，实行每周五集中学习制度，组织专题党课、学习《宪法》《中国共产党纪律处分条例》等，增强党性观念，强化宗旨意识，组织教育活动，突出政治教育和党性锻炼，落实中央八项规定精神。坚持以政治建设为统领，认真贯彻新时代党的组织路线，不断加强党内政治文化建设，严肃党内政治生活，持续净化党内政治生态。

（三）组织召开全国监理协会秘书长工作会议

2018年3月，协会召开"全国监理协会秘书长工作会议"，地方监理协会和行业协会、分会秘书长参加了会议。王早生会长在会上作了《真抓实干 努力做好2018年各项工作》的讲话，王学军秘书长对协会2018年工作要点进行了说明。会上印发了《中国建设监理协会2018年工作要点》《中国建设监理协会关于调整团体会员、单位会员会费标准的通知》。上海市建设工程咨询行业协会、广东省建设监理协会、山西省建设监理协会分别介绍了工作经验，会后组织考察了北京大兴国际机场工程建设项目。

（四）组织召开协会专家委员会第二次会议

2018年3月，协会组织召开了协会第二届专家委员会会议。会上，第一届专家委员会常务副主任王学军对上届专家委员会工作进行了总结，会议选举产生了新一届专家委员会领导机构，王早生会长当选为专家委员会主任。会上，协会专家委员会副主任杨卫东代表专家，武汉建设监理与咨询行业协会会长汪成庆代表课题组，就如何做好行业专家工作和如何完成好课题研究作了大会发言，王早生会长作了《尊重专家，尊重科学，促进行业健康发展》的讲话。会议审议通过了《中国建设监理协会专家委员会管理办法》，选举了 92 位专家委员会委员。经专家委员会主任办公会研究，后又增补了 5 名专家委员会委员。

（五）组织召开协会六届二次常务理事会

2018 年 7 月，协会在广州召开六届二次常务理事会，会议审议通过了《协会 2018 年上半年工作情况和下半年工作安排》《拟发展的团体会员和单位会员情况报告》，并对"工程监理资料管理标准"及其他 4 个课题进展情况进行了介绍，对下半年的工作提出了要求。

（六）组织召开协会六届二次会员代表大会

2018 年 10 月，协会在北京召开了六届二次会员代表大会。对在协会章程中增加党的建设和社会主义核心价值观的有关内容及根据民政部要求会费由五档调为四档向大会作了说明。会议审议通过了《关于修改中国建设监理协会章程的报告》和《关于调整会费标准情况的报告》。

（七）加强和完善分支机构管理

协会定期组织召开分支机构工作会议，对各分支机构上年度工作总结和下年度工作计划及费用预算等提出相关要求，规范了对分支机构的管理。对于行政主管部门委托的有关政策调研、改革方案征求意见等，协会都及时征求分支机构的意见，向行政主管部门反映。

（八）完善工会组织建设

在住房城乡建设部机关工会的指导下，协会工会举办多项活动，服务协会工作，促使秘书处工作人员爱岗敬业、团结协作。按照工会管理办法，开展文体活动，丰富了职工的业余文化生活，增强了秘书处的凝聚力。

二、会员管理方面

（一）发展会员

2018 年协会发展单位会员 4 批共 97 家，个人会员 8 批共 20295 人，并为单位会员换发了会员证书。

截至 2018 年 12 月底，协会团体会员 60 家、单位会员 1135 家、个人会员 121179 人。

（二）规范网上业务学习学时

按照《住房城乡建设部办公厅关于简化监理工程师执业资格注册申报材料有关事项的通知》（建办市〔2017〕61 号）文件精神，协会印发了《中国建设监理协会关于调整个人会员免费业务学习学时的通知》，从 2018 年 11 月 1 日起个人会员每年免费网上业务学习课时调整为 32 学时。2018 年协会个人会员网络业务学习达 23789 人次。

（三）调整会费

2018 年 2 月，协会开始执行第六届会员代表大会审议通过的《中国建设监理协会关于调整团体会员、单位会员会费标准的通知》（中建监协秘〔2018〕1 号）免收团体会员会费、调整单位会员会费标准。

2018 年 10 月，协会在北京召开了六届二次会员代表大会，会议投票通过了中国建设监理协会调整会费标准的议案，会费由五档调整为四档。2018 年 11 月 7 日发文《中国建设监理协会关于调整单位会员会费标准的通知》（中建监协秘〔2018〕12 号）。

三、服务会员方面

（一）通报参建"鲁班奖"、"詹天佑奖"工程项目的监理企业和总监

在地方和行业协会对参建"鲁班奖"、"詹天佑奖"工程项目的监理企业和总监理工程师审核的基础上，秘书处组织行业专家进行了审核，完成了 2016~2017 年度参建鲁班奖、詹天佑奖工程项目的监理企业和总监理工程师通报工作，共计有 202 家企业和 279 名总监理工程师。

（二）开展个人会员业务辅导活动

在云南、黑龙江省建设监理协会和河北省建筑市场发展研究会的支持和配合下，组织完成了西南片区、东北片区、华北片区 13 个省、自治区、直辖市个人会员业务辅导活动，有关专家就诚信建设、全过程工程咨询、风险防控、建筑业改革发展、装配式建筑等业务进行了授课，900 多名个人会员参加了业务辅导。为加强对监理人员业务辅

导，制定印发《中国建设监理协会关于合作开展监理人员业务交流活动的通知》，支持各地开展对监理人员业务的辅导工作。

（三）组织召开全过程工程咨询与项目管理经验交流会

为推进全过程工程咨询服务工作，2018 年 7 月 3 日，协会在贵阳组织召开了全过程工程咨询与项目管理经验交流会，王早生会长作了"抓住机遇、务实创新，开启监理行业发展新征程"讲话。十家企业代表就全过程工程咨询或项目管理介绍了经验。7 月 4 日，组织召开了全过程工程咨询试点工作座谈会，住房城乡建设部试点地区协会和试点监理企业代表参加了会议，介绍了试点进展情况，研究试点中遇到的问题，提出了推进试点工作的建议。住建部建筑市场监管司建设咨询监理处的同志参加座谈会并对下一步试点工作提出要求。

（四）做好行业宣传工作

1. 为了宣传建设监理行业，树立监理行业良好的社会形象，推动监理事业的发展，2018 年协会除继续在《中国建设报》开设专栏外，同时还在《建筑》杂志上开辟了专栏，加强对监理行业的正面宣传，引导社会舆论关注。目前，《建筑》专栏已刊登 11 篇文章，《中国建设报》已刊登 4 期专栏。

2. 办好《中国建设监理与咨询》刊物。2018 年，在团体会员和单位会员的支持下《中国建设监理与咨询》共征订 3700 余套，相较 2017 年增长 19.6%。每期印数 5000 余册，赠送团体会员、单位会员、编委、通讯员 1000 余册。2018 年共有 96 家地方、行业协会和企业以协办方式参加办刊。

四、促进行业发展方面

（一）组织征求行业意见，向主管部门反映

1. 组织召开专家座谈会，对《关于征求工程监理企业资质管理规定（修订征求意见稿）和工程监理企业资质标准（征求意见稿）意见的函》（建市监函〔2018〕4 号）进行研讨，汇总提出修改建议报住建部建筑市场监管司。

2. 根据住建部建筑市场监管司安排，在北京召开工程监理企业资质改革工作座谈会，住建部建筑市场监管司建设咨询监理处处长贾朝杰出席会议。

3. 通过函件征求意见和组织召开座谈会，对《全过程工程咨询服务发展的指导意见》（征求意见稿）和《建设工程咨询服务合同示范文本》（征求意见稿）《国家发展改革委办公厅住房城乡建设部办公厅关于征求〈关于推进全过程工程咨询服务发展的指导意见（征求意见稿）〉意见的函》进行研讨，提出修改建议报住建部建筑市场监管司。

4. 根据住建部工程质量安全监管司的要求，报送《关于提升工程质量发挥行业协会作用的建议》。

5. 根据部建筑市场监管司的要求，报送《关于监理工程师职业资格制度的建议》。

（二）组织开展监理行业发展 30 周年交流活动

2018 年 3 月，协会印发《工程监理行业创新发展 30 周年系列活动方案》，成立了活动筹备组，组长由王早生会长担任，成员包括地方协会秘书长。主要内容是征文、成果展示、交流会等。2018 年 4 月份印发《关于请组织开展工程监理行业创新发展 30 周年系列活动的通知》和开展监理制度建立 30 周年征文活动及监理 30 周年成果展示活动的通知。在中国建设报开辟"监理"专栏和在《建筑》杂志开设"工程监理 30 周年回顾与展望"专栏，宣传监理行业正面形象，扩大社会影响力。该刊物记者对王早生会长作了专访，发表了《三十载风雨兼程，工程监理再启航——与中国建设监理协会会长王早生谈行业改革与发展》；发表了会长署名文章《建设工程监理事业改革发展与展望》。此外，经地方和行业协会推荐，共收到论文 822 篇，课题成果 67 篇，对其中 100 篇创新论文、40 篇课题成果进行了通报。

2018 年 10 月，协会在北京召开工程监理行业创新发展 30 周年经验交流会，住房城乡建设部原副部长郭允冲到会并讲话。王早生会长作"沐风栉雨三十载，昂首阔步再起航，全力推进工程监理行业转型升级创新发展"的报告。各地方和部分行业协会以展板形式展示了本地区或本行业监理成果，并收入协会出版的画册中，团体会员、单位会员、个人会员代表和分会代表作了发言，回顾总结了监理行业发展的历程和经验，对未来发展充满信心。

地方行业协会积极开展精彩纷呈的行业发展30周年庆祝活动。上海、四川、山东、吉林、云南、贵州等地协会开展庆祝行业发展30周年交流会、座谈会。北京、河南、武汉等地开展庆祝行业发展30周年知识竞赛等活动。

（三）开展课题研究

2018年协会开展的研究课题有5个，即建设工程监理工作标准体系研究课题、工程监理资料管理标准课题、会员信用管理办法课题、装配式建筑工程监理规程课题、项目监理机构人员配置标准课题。5个课题已于2018年12月底前全部完成结题验收，下一步要努力推进转化为团体标准。

（四）完成政府部门委托的监理工程师考试有关工作

2018年4月组织专家完成了2018年监理工程师考试命题审题工作；2018年6月组织专家完成了全国监理工程师执业资格考试案例分析考试科目80000余份试卷的阅卷工作。2018年全国监理工程师资格考试报考93191人，参考73256人，合格人数22459人，合格率30.66%。

（五）发布《中国建设监理协会团体标准管理暂行办法》

协会起草了团体标准管理暂行办法，经过征求意见修改完善并征求住建部建筑市场监管司、标定定额司意见后，印发《关于发布〈中国建设监理协会团体标准管理暂行办法〉的通知》（中建监协〔2018〕44号）。

（六）深入调研，了解行业情况

2018年协会先后组织到云南、贵州、上海、海南、宁波、河南等地召开企业座谈会，了解行业情况，倾听会员呼声，引导行业健康发展。

第二部分　协会2019年工作安排

2019年，中国建设监理协会将以习近平新时代中国特色社会主义思想为指导，全面贯彻党的"十九大"和十九届二中、三中全会精神，认真落实中央经济工作会议精神，坚决贯彻落实党中央、国务院决策部署，坚持以人民为中心的发展思想，坚持稳中求进的工作总基调，坚持新发展理念，按照高质量发展要求，以供给侧结构性改革为主线，不断加强自律管理，规范会员行为，提高服务质量。努力提高为会员服务的能力和水平，引导和推进工程监理行业创新发展。

一、协助行业主管部门工作

1. 监理行业管理制度完善相关工作；

2. 监理行业现状调研有关工作；

3. 监理工程师考试有关工作；

4. 监理工程师与香港测量师互认有关工作。

二、规范会员管理工作

1. 落实"会员信用管理办法"；

2. 研究制定"会员信用评价办法"；

3. 研究建立"会员信用信息管理平台"；

4. 加强对个人会员服务费使用情况的监管；

5. 做好团体会员、单位会员和个人会员发展与管理。

三、做好服务会员工作

1. 继续开展分区域个人会员业务辅导活动，并指导、支持地方举办业务培训班；

2. 充实会员网络业务学习内容和开办网络个人会员学习园地；

3. 办好《中国建设监理与咨询》行业刊物，加强报刊对监理宣传报道；

4. 组织修订《监理工程师培训考试用书》。

四、引导行业健康发展

1. 召开监理企业管理创新经验交流会和工程监理与工程咨询经验交流会；

2. 继续开展行业课题研究并积极推进相关课题转换为团体标准；

3. 推进行业管理信息化和提高监理科技含量；

4. 通报参与"鲁班奖"和"詹天佑奖"监理企业和总监理工程师。

五、加强秘书处自身建设

1. 加强党的建设，落实主体责任，开展教育活动；

2. 加强对行业分会活动和资金使用情况的监管；

3. 提高全体人员服务意识、自律意识。

在中国建设监理协会六届二次理事会上的总结发言

王学军

中国建设监理协会副会长兼秘书长

各位理事：

今天的理事会审议通过了《关于中国建设监理协会 2018 年工作情况和 2019 年工作安排的报告》，会员信用管理办法，调整、增补理事的报告，发展会员的报告和清退会员的报告，向理事会报告了个人会员发展的情况。北京市、河南省、云南省建设监理协会分别介绍了他们的工作经验，北京市建设监理协会围绕 3 项工作在"专业化""标准化""信息化"和"集团化"方面发挥专家作用，做了大量工作，尤其是在开展监理课题研究、团体标准编制方面成绩显著，出面代表行业反映诉求效果明显；河南省建设监理协会在差异化管理，规范监理服务工作，维护会员合法权益，举办监理和 BIM 知识竞赛，与媒体联合加强行业宣传等做法；云南省建设监理协会在加强协会建设，规范化管理，加强党组织建设，做好政府委托工作，发挥专家队伍作用，为会员提供服务，做好监理人员培训工作，开展弘扬正能量

表扬活动，引领行业发展等方面的做法，三个协会工作各有特点，效果都是提高行业凝聚力，加强行业管理，规范监理行为，促进行业健康发展，值得大家借鉴。

王早生会长作的协会 2018 年工作情况和 2019 年工作安排的报告，反映出在协会领导集体带领下，在大家共同努力下，2018 年做了大量工作，取得了较好的成绩。尤其是 2019 年工作安排，涉及 5 个方面 20 项内容，目标明确，任务繁重，涉及协助主管部门工作、加强会员管理、为会员提供服务、引导行业健康发展、加强自身建设等方面。这些工作，有的需要我们与地方协会和行业监理专业委员会通力合作，如开展监理行业现状调研，落实"会员信用管理办法"，办好《中国建设监理与咨询》刊物，对会员的发展与管理等；有的需要我们充分发挥专家委员会的作用，依靠专家和学者来完成，如监理行业管理制度完善、行业课题研究、扩展会员网络业务学习内容和考试教材修订及监理工程师考试有关工作；有的除了地方的支持还需要网络公司的参与，如建立健全"会员信用信息管理平台"，开展网络个人会员学习园地等。

各位理事，2019 年，协会要做的工作很多，任务很重，我们要有出色完成工作任务的信心和决心，同时也要做好攻坚克难的心理准备。就如何引导和促进监理行业健康发展，我提几点建议供大家在工作中参考：

一、牢固树立"四个自信"

监理经过 30 年的实践，取得的成绩是有目共睹的。作为监理人我们一定要坚持监理制度自信、监理工作自信、监理能力自信和监理发展自信。这"四个自信"蕴含着我们对行业存在和发展的信念。各地方团体会员单位要不断加强行业正面宣传，弘扬正能量，让所在地区政府部门和社会了解监理、认知监理，激励监理人自强不息，求真务实的精神，激发监理人创新发展做好监理工作的勇气和自信。

二、明确行业发展方向

方向明则信心足，目标清则路途明。明确行业发展方向是我们做好行业工作的基础。《国务院办公厅关于促进建筑业持续健康发展的意见》（国办发〔2017〕19 号）和《住房城乡建设部关于促进工程监理行业转型升级创新发展的意见》为我们指出了发展的方向。现阶段，绝大部分监理企业还是要立足于监理，做专做精，做优做强，做出本企业的品牌。过去是"人工"监理时代，而现在质量安全信息的采集、工作信息的记录、传输、共享，分支机构和监理项目部的远程管理都离不开信息化，监理工作与信息化已紧密融为一体，监理已经步入了管理信息化时代。我们看到，随着人工智能技术的发展，3D 扫描仪、无人机、监控设备、脸谱识别仪、深基坑检测仪、安全预警设备等人工智能设备在监理工作中的应用，未来监理将走上智能化监理道路。有能力的监理企业，可以在发展中根据市场的需要向施工阶段两头延伸业务，开展项目管理或全过程工程咨询服务。能力较强的监理企业，视野应当更开阔，紧跟国家"一带一路"建设倡议，走出国门，将中国特色的保障工程质量安全的监理工作和工作标准推向世界。

三、积极推进标准化建设

监理标准化是做好监理工作取得业主满意和

政府信任的有效途径。以下 5 种标准是必须要有的，即监理工作标准、项目人员配置标准、监理装备配置标准、监理人员能力标准、监理人员计费构成标准。中国建设监理协会去年开展了 4 项课题研究，但还远远不能满足行业监理工作的需要。要规范监理工作程序和标准还有许多事情要做，今年计划开展 5 项课题研究，希望大家给予支持。各团体会员，要在引导和指导监理企业积极研究制定企业监理工作标准的同时根据工作需要制定地方团体标准。北京市建设监理协会、贵州省建设监理协会已经制定了监理资料管理团体标准，值得赞扬。我们计划在他们研究成果的基础上将监理资料管理成果转化为中监协团体标准。

四、不断加强人才能力建设

人才是做好一切事业的基础，企业发展离不开人才。企业要做大做强，就要不断引进、培养复合型人才。如何才能聚天下英才而为我所用，习近平总书记给出了答案，要以识才的慧眼、爱才的诚意、用才的胆识、容才的雅量、聚才的良方，广开进贤之路。建筑业如何加强人才培养，近期住建部发文提出了职业技能鉴定的通知，主要针对施工八大员。监理如何办，没有意见。我们的监理企业一定要注意优化人才发展环境，搭建队伍建设平台，在人才匮乏的情况下，行业组织要与企业联手采取网络教育、面授培训、水平认定、知识竞赛、定期研讨、微信交流、以老带新等形式，加强监理企业和人员的能力建设，不断提高人员综合能力、信息化应用能力、科技监理能力，提高企业核心竞争力和诚信经营能力，以适应开展监理、项目管理和工程咨询工作的需要。地方和行业协会也可以尝试建立"监理人才库"，以解决监理人员短缺的困难。

五、加强诚信体系建设

诚信是中华民族的传统美德，国家和社会也在大力推进诚信体系建设，通过大数据构建诚信平台，完善诚信监督体系。监理行业健康发展要紧跟时代步伐，就要不断加强行业诚信体系建设，引导监理企业和从业人员诚信经营和诚信执业。行业内要建立和完善信用管理和信用评价办法，今天审议通过的会员信用管理办法我们即将试行，推动在会员内乃至行业内的守诚立信之风。为使会员信用管理办法落地，还需要制定实施意见，建立会员信用信息管理平台，希望大家给予支持。今年我们还要研究制定会员信用评价办法，推进行业诚信体系建设，加强行业自律管理，为政府部门开展企业诚信评价做好基础性工作，促进企业和人员走诚信发展道路。

六、努力保障工程质量安全

党和国家高度重视工程质量安全，因为质量安全与人民群众切身利益息息相关。建设主管部门积极开展工程质量治理三年提升行动和监理单位向政府主管部门报告工程质量监理情况试点工作，下发项目总监理工程师质量安全六项规定，建立市场监管与诚信体系，建设"四库一平台"，其最终目的都是为了保障工程质量安全。我们要引导企业将工程质量安全作为监理、项目管理、工程咨询工作的出发点。在工程建设过程中，要落实好合同约定的责任、监理主体的责任、总监质量安全六项规定的责任、质量安全报告责任以及监理人员职责等规定。引导监理人员继续发扬向人民负责、钻研业务、坚持原则、勇于奉献、开拓创新的精神，尽心履职，塑造监理人良好的形象，赢得监理行业美好的发展前程。

七、正确认识全过程工程咨询服务

2017年5月2日，住建部下发《关于开展全过程工程咨询试点工作的通知》。2017年9月，中国建设监理协会组织试点的9省（市）、16家监理企业在上海召开座谈会；2018年7月，中国建设监理协会组织9省（市）、16家监理企业在贵阳召开了座谈会和全过程工程咨询与项目管理经验交流会。总的情况是全过程工程咨询试点工作在稳步推进。在推进中也遇到一些困难和问题，如咨询工作不规范，工作取费没有依据，咨询人才匮乏，行业壁垒等，但我们要看到总的态势是向好的。2018年，国家发改委和住建部联合下发《关于推进全过程工程咨询服务发展的指导意见》的征求意见稿，明确全过程工程咨询服务酬金应在工程投资中列支。明确全过程工程咨询单位提供勘察、设计、监理咨询服务时，应当具有与工程规模及委托内容相适应的资质条件。提出全过程工程咨询应以质量安全为前提。这些规定有利于监理企业开展和参与全过程工程咨询工作。全过程工程咨询是工程建设咨询服务的一种形式，有能力的监理企业都可以进入咨询服务的行列。希望地方团体会员，引导本地区监理企业开展以大企业为龙头联合中小型企业组成联合经营体，促进共同发展。

各位理事，今年是建国70周年，是全面建成小康社会，实现第一个百年奋斗目标的关键之年。监理经过30年的实践，依然面临着许多机遇和挑战，我们必须坚持以改革促进步，以科技求发展。我们要准确理解国家的政策导向，把握市场经济发展规律，正确看待行业遇到的机遇和挑战，顺应历史发展潮流，积极应对建筑业改革发展，主动推进转型升级、差异化发展；同时要以开放的姿态、包容的胸怀，向兄弟单位、兄弟行业学习，向港澳台及国外的同行学习，海纳百川，兼容并蓄，吸纳优秀的经验、技术，为我所用。我们要不断坚定信心，提升能力，在党的"十九大"精神指引下，以供给侧结构性改革为主线，不断推进监理行业服务向高质量发展！

这次会议，得到了云南省住建厅、云南省建设监理协会以及监理企业的热情服务、大力支持，让我们以热烈的掌声对他们表示衷心的感谢！各位理事在繁忙的工作中，抽出时间来参加协会会议，支持协会工作，我代表协会秘书处向大家表示感谢！再过半个月就到春节了，提前祝各位新春愉快、身体健康、阖家幸福。也祝愿我们的监理事业像春天一样生机勃勃、蒸蒸日上！谢谢大家！

做好"双向服务"引领行业健康发展

李伟

北京市建设监理协会

各位理事、各位领导，大家好：

很高兴在冬季里来到云南，感受春城的暖意。很荣幸代表北京市建设监理协会在本次理事会上与大家分享 2018 年的工作和 2019 年的设想。

2018 年对于全国监理行业从业者是重要的一个时间节点，我们迎来了工程监理制度建立 30 周年。北京市监理协会也和全国兄弟协会一样，举行了丰富多彩的活动，包括推广监理资料管理标准化知识竞赛和学习"十九大"文件知识竞赛、组织大规模援疆助学活动、组织研讨调研和行业自律示范项目观摩活动等。我们还组织了一次近 2000 人参加的行业运动会，当穿着整齐运动服装的参赛员工走过主席台接受检阅，当 2000 人占满学校操场随着口令整齐地做广播操的时候，我们感觉到了行业的凝聚力，增强了我们对于行业发展的信心。

2018 年，我们继续围绕"提高监理人员履职能力，提升监理行业地位"的中心任务，做好"坚持双向服务，促进发挥监理作用""强化学习培训，促进全员素质提升""鼓励投入科研创新，引领行

业发展"3 项工作，落实到协会工作中我们有"专业化""标准化""信息化"和"集团化"的具体工作措施。

我们坚持提倡监理行业专业化，加强学习培训。我们提倡全行业在关注中学习新的法律法规，在研究中学习规范标准，在实践中学习读图懂图，在急需中学习质量验收标准。特别是质量验收标准，是我们从事监理工作的最基础的知识，是我们的基本功。北京市建设监理协会已经发出全员学习工程建设质量验收 16 本系列标准的倡议和要求，会员单位积极响应，组织了多种形式的学习活动，初步取得了一定的效果，我们已经组织了结构分册的第一轮考试，在参考率 93% 的情况下，通过率只有 57%，说明强化全员学习是非常必要的。下一步我们将组织会员单位知识竞赛，进一步促进相关知识的掌握，我们将把学习验收标准和掌握基本知识作为入门条件，一次学不会两次，两次不行三次，一年不行两年，坚持下去，尽快提升全员履职能力，打造 1000 名行业领军人物和 10000 名行业骨干（千万工程），使监理队伍回归智力密集型形象。

我们继续坚持制定团体标准，推广监理工作标准化。30 年来，我们依据法律法规、规范标准、施工图和合同文件开展监理工作，唯独欠缺我们自己的东西。法律法规主要规定了"监理是什么"，监理规范规定了"监理做什么"，我们需要自己说清楚"监理怎么做"，这一方面是话语权的问题，更主要的是提升监理人员履职能力的需要。北京市监理协会从 2014 年开始团体标准的研究制定，目前已经完成并公开发布了 3 本协会团体标准，计划今年再

发布至少两本团体标准，争取再用两三年时间，使北京监理协会团体标准总数达到 10 本以上，使协会团体标准成体系、高水平、可操作。

我们鼓励和提倡监理工作信息化，增加监理工作的科技含量和技术含量。说到监理工作的智力密集服务让人首先想到的是老专家的经验，实际上随着科学技术水平的进步，在监理工作中应用新的技术手段和方法已经是我们必须作出的改变。信息化是"互联网 +"，是 BIM 技术、JIS 应用，是大数据、云计算等，更是这些手段结合监理工作的实际应用。信息化是手段，是创新。去年开始，北京市监理协会开始在本市评选"监理行业自律示范项目"，条件之一就是监理工作要有创新，要改变"一把尺子干监理""程序监理"的落后形象，给监理工作增加附加值，增加监理工作技术含量，体现出监理工作价值。

我们注重发挥行业整体优势，促进行业集团化发展。每一个总监个人能力是有限的，每一个监理单位的力量也是有限的，一个单位搞得好固然重要，但那只能是局部、是个例，要提升行业地位重树行业形象，必须大家共同努力。我们有一批行业精英，有一批注册监理人员，通过强化这些人员的带动作用，争取做到"所有工程项目问题都能在监理团队的专家这里得到圆满解决"。近年来北京市监理协会在发挥行业专家作用方面进行了很多有益的尝试，通过课题研究、项目检查、专题研讨、技术交流等活动，在解决了一些会员单位提出的问题外，也解决了政府管理部门依靠专家力量掌握施工现场第一手资料的需求，专家队伍的自身能力也得到了提高，为下一步发挥行业高层次人才作用和优势积累了经验，打下了基础。

2019 年对于监理行业而言将是不平凡的一年，受国际、国内大的发展形势影响，经济增长的不确定性因素增多。我们认为，就全国全行业而言影响较大的主要来自两个方面，一是政府职能转变，"放、管、服"进一步落地，来自政策层面变化的影响；二是固定资产投资结构变化的影响，传统房地产行业在基本建设投资中所占的比重会进一步降低。分析 10 年来监理统计数据可以发现，我们的监理费收入是逐年上升的，但是如果做出细分的市场分析，会有不同的曲线，"铁公基"曲线曲率明显大于其他行业，"一带一路"增长迅猛，而传统房地产业务收入则已经进入下降周期。

就北京市场而言，谈到高质量发展我们有一个其他地区都没有的提法叫做"减量发展"，是指从过去的集聚资源求增长，到现在的疏解功能谋发展。北京监理行业同样适合"减量发展"，因为北京是以房建和市政两个专业为主体行业的，过去 10 年传统房地产行业发展过快，当城区房价接近或超过 10 万 /m^2 的时候，房价的增长空间已经基本被透支完了。每个公司应该分析自己的业务构成，结合自身特点采取不同的应对措施。我们分析认为北京监理行业的"减量发展"应该从 3 个方向着手，一是尽快降低传统房地产行业的资源占有比重，把有限的资源用到其他方面；二是大力加强公司管控力度，尽快减少公司控制力度差的或"挂靠项目"，加强对于管控"合作项目"的管控，降低公司风险；三是逐步设立和提高从业者门槛，淘汰不适合监理工作的人。

形势变化是挑战，更是机遇，顺势而为，适应形势变化，及时做出调整才能立于不败之地。发展和生存是同一事物的两个方面，没有生存谈不到发展，没有发展就不能更好地生存。生存可以分为不同的层次，例如："活着""有尊严地活着""被需要地活着""有地位地活着"，等等。我们要勇敢地迎接挑战，监理行业应该有地位地生存下去。

各位理事，各位领导，冬天是收藏的季节，"冬藏蓄势，静待花开"，让我们在中国建设监理协会的领导下，团结一致，共同努力，转型升级，减量发展。在新的一年里，带领全行业努力学习、勇于创新，创造监理行业更辉煌的明天！

谢谢！

发挥优势　凝聚共识　持续提升行业协会的公信力

——河南省建设监理协会工作简述

孙惠民

河南省建设监理协会

河南省建设监理协会是中部省份的行业协会，成立于 1996 年，现有会员单位 350 家（含外省进豫会员单位 38 家），河南本土监理企业综合资质 14 家、甲级资质 161 家，全省注册监理工程师 1 万人，从业人员 5.85 万人。河南人口大省、农业大省、建筑业大省以及中原文化大省的省情，深刻影响着协会的办会思路和工作方法，在围绕中心、服务大局的总体原则下，以"专业服务、引领发展"的办会理念，在中国建设监理协会和河南省住房城乡建设厅的正确指导下，以"振兴河南监理"为第一要务，从团结引领行业发展、凝聚行业共识、拓展业务空间、提升治理能力、维护合法权益、树立公益形象等方面开展工作。在规范行业发展、完善协会功能、加强社会责任 3 个板块上，开展了一些工作，起到了一些效果。

一、对新时期行业协会发展的理解

党的"十八大"以来，党中央提出了一系列新理念、新思想和新战略，明确提出"走中国特色社会组织发展之路"的要求，不断推进行业协会的党

建工作、政府购买服务、脱钩改制、简政放权和完善立法等改革举措和实践。

协会据此认为，行业协会工作领域发生了历史性变革，行业协会的发展与改革工作步入了新的时代，一个政社分开、权责明确、依法自治的现代行业协会体制框架基本形成，时代对行业协会及其工作者提出了新要求和新期待。在这样的认知下，行业协会需要重点加强对会员单位的政治引领和组织引领，以章程为核心，通过协商民主，广泛性、多层次、制度化的将会员单位牢牢凝聚在协会周围，打造"共建、共治、共享"的行业治理新格局，利用脱钩改制的历史性契机，变革协会的治理结构和治理方式。行业协会要遵循市场规律办会，从政府委托授权向差异化和专业化服务转变，从被动依赖型向独立主动型转变，从传统思维型向现代创新型转变，不断探索协会的会员发展与服务方式，不断增强竞争力和号召力。行业协会还要在加强党建工作中促进发展，让社会认可，使政府信任，为加强和创新社会管理贡献一份力量。

二、规范行业发展

工程监理制度实施了 30 年，30 年的发展历程见证了我国经济从计划模式向市场模式摸爬滚打的转型历程，其中的曲折、坎坷、心酸都折射在工程监理制度的变迁中。过渡意味着调整，转型伴随着阵痛。就是这样的历史背景下，工程监理行业也在进行着自我的进化和蜕变，在行业发展取得光辉业绩的同时，也存在着一些不规范的市场行为。如何规范行业发展，保证河南监理行业的航船始终规

范行驶在安全的水域，这是河南监理协会始终思考的命题。

（一）完善行业治理，构建行业新秩序

2015年，监理收费价格放开后，配套的约束机制没有及时跟上，市场一度出现了收费价格断崖式的下降，甚至出现了控制价打3~5折的极端低价，随之而来的是服务质量呈同步下降的趋势，行业竞争秩序一片混乱。在见识了无序竞争的可怕代价后，协会和企业开始反思，恶性的竞争没有赢家，需要设计新的机制，建立新的秩序，避免企业之间自相消耗和相互侵犯，引导行业科学发展。河南省监理协会在借鉴兄弟协会良好经验的基础上，结合河南省的具体情况，既坚持原则底线，又坚持问题导向，在行业诚信自律上开始书写新的篇章。

在协会举办的"稳定价格水平、保证服务质量"的应对策略会上，"脱离服务质量去单纯谈取费价格没有意义，也谈不明白，价格只会越谈越低。只有在保证监理履职尽责服务水准的基础上，企业在投标竞争中建立互信，才能避免恶性竞争，价格才能稳中有升"成为行业共同的认知。这种认知迅速在行业内部成为基本共识，也逐渐内化成协会和企业的思维方式和行动指南。服务和价格之间的矛盾是结构性的，在供需两端都存在，但"攘外必先安内"，协会暂时无法去规范和影响招标人和代理机构的思想和行为，但可以通过机制设计，去引导和约束自己的会员。协会充分考虑河南省18个辖市不同的经济发展水平和市场发育程度，实施"区域自治"，成立区域自律组织，推动行业治理重心向基层下移。区域自律组织根据《河南省建设监理行业诚信自律活动实施方案》的程序和要求，选举区域自律组织负责人。区域自律组织负责人通过民主协商的工作方式，组织该区域监理企业和进入该区域的分支机构制定该区域的诚信自律措施。协会对区域自律组织适当放权，在提供重要的会员服务之前，均将区域自律组织的意见视为前置程序。区域自律组织负责人归属协会诚信自律委员会垂直领导，汇报工作，对其负责。

在正向建章立制的同时，反向上也建立了"差异化管理"和"重点关照"两项制度。差异化管理是指对于违反行业自律公约、破坏区域自律约定的监理企业，在提供会员服务中实施最严格的核查和管理。重点关照是指对于价格低于一定幅度的中标工程项目或者不顾标前警示执意投标并中标的项目，通报给质量安全监督部门，诚信自律督查小组随同检查现场监理人员配备数量和服务质量。

经过3年的建设与调整，在总结经验的基础上，协会制定出台了《关于推进河南省建设监理行业建秩序、强自律、重服务、促发展的意见》，成为行业诚信自律的纲领性文件。随后，协会又出台了《关于诚信自律违规惩戒的补充规定》，对违反自律公约的副会长、副秘书长、常务理事和理事单位，按照章程规定的程序分别进行降级惩戒，通过减损其行业地位，负面评价其行业荣誉，督促这些骨干企业发挥示范带头作用，稳定行业预期。

协会在诚信自律探索中还没有找到治本之策，还不具备全面掌控诚信自律局面的能力，但我们坚持"战略上打持久战，战术上打歼灭战"的思路，不以求全求稳的理想心态去猛药治病，而是以"区域自治"的机制去引导企业敬畏规则，尊重底线，在投标价格上三思后行，报出的价格经得起诚信自律的考验，受得住诚信自律的惩戒。实践的结果令人欣慰，河南省监理行业的竞争秩序不断向正向演进，价格水平不断提升，极端低价彻底消失。

（二）编制工作标准，提升服务质量

标准决定质量，有什么样的标准就有什么样的质量，只有高标准才有高质量。提升项目监理机构的服务质量首先需要有切合实际的工作标准，工作标准是提升服务质量的有效抓手，能够促进项目监理机构真正发挥监理作用，维护行业声誉，保证项目实现目标。

协会历时两年，编制了河南省工程建设地方标准《建设工程监理工作标准》。该标准在2013版《建设工程监理规范》的基础上，严格依据法律法规和强制性标准规范，结合河南省建筑市场管理的实际情况，完善了相关条款和内容，强化了实用性和可操作性。

该工作标准的发布，进一步优化完善了河南监理行业的标准体系，为行业提供更高层次的视野和思路，起到了更好地规范项目管理，提升服务质量，促进服务升级的作用，提高了现场监理工作的标准化水平。

（三）培养合格人才，打造监理职业共同体

随着建设从业人员岗位资格的政策调整，河南省人事管理部门叫停了专业监理工程师和监理员岗位资格证书的培训考核。协会随即出台了监理工作标准、培训和考试分离、从业人员综合服务平台3项制度，通过规范化的人才培养体系，旨在构建监理职业共同体，培养正规化、专业化、职业化的监理队伍，规范监理职业群体的行为。协会研发了"7大能力模块"培训体系，用高标准的独立第三方考试保证考核质量。协会追求的监理职业共同体的愿景，首先是求同，受过监理知识的训练，能够使用监理的思维和专业语言去履职尽责。其次是存异，每一位监理人员，都有自己特定的角色定位、职权与职责、权利与义务，每一位监理人员都要忠实履行相关法律法规、标准规范和职业操守。最后是谋合，在监理履职尽责中既要尊重包容也要坚持原则，既要相互支持也要加强监督，既要有交流合作也要有边界分寸，既要有分工也要有协同。

在监理职业共同体理念和3项制度支撑下的培训考核做法，得到了主管部门的肯定。协会正是通过这样的方法，使专业监理工程师和监理员培训考核常态化，每年向工程监理企业输送了一定数量的合格从业人员，间接影响并促进监理工作水平的提高。

（四）举办知识竞赛，提升质量安全监理工作水平

工程的质量和安全，是建设项目永恒的主题，是监理企业高质量发展最大的效益，是监理行业健康发展的基础和前提。协会每两年举办一届工程质量安全知识竞赛，以"传播质量安全监理知识，凝聚质量安全理念共识"为主题，去发现和关注工程质量安全上迫切需要的知识。知识竞赛是形式，实质是知识的普及，核心是解决现场质量安全知识的缺乏，目标是工程质量安全意识的提高和管控能力的提升，进而促进河南省建设监理行业科学发展、

安全发展。通过知识竞赛，监理人员用知识为自我添彩，监理企业用参赛展示了奋进的姿态。

知识竞赛活动，也是协会创新工作方式的一个尝试，探索如何以更加生动、接地气的活动去提升行业的影响力，汇聚积极健康向上的力量，把河南省建设监理行业建设成一个团结奋进的团体，凝聚共识的团体，不断进步的团体。每届知识竞赛活动，均引起了行业的广泛关注，在全行业营造了浓厚的质量安全监理氛围，提升了监理人员的责任意识和工作能力，提高了敬畏质量安全责任的自觉性，在一定程度上促进了质量安全监理工作水平的提升。

三、拓展协会功能

行业协会是为了降低企业运行成本应运而生的，主要去做单个企业做不了的事情，当单个企业难以面对和需要承担较高成本时，或单个企业凭借自身力量无法解决困难和问题时，行业协会的优势就起到了特殊的作用。行业协会可以发挥集群优势，通过不断拓展自身的功能，发挥自身的优势，提高行业整体的竞争力，切实维护行业的利益，促进行业整体良性发展。

（一）维护行业合法权益

扬尘治理是北方省市建筑行业绕不开的话题，当雾霾驱之不散的时候，地方政府就会在环保治理上下重拳。郑州市政府办公厅在2018年9月出台了《郑州市施工扬尘监管信用评价计分办法》，对建设单位、施工单位、监理单位在施工扬尘治理中同等责任处罚。2018年11月份上半月，有3家单位被处罚，这个时候协会还没有重视。下半月又有10家单位被处罚，协会开始警觉，主动去郑州市控尘办和环保局了解情况，在了解情况的时间段内，又有数十家单位被处罚，行业自我调侃是"不是被处罚，就是在被处罚的路上"。经协会调查，被处罚的原因要么是施工单位不配合环保督察检查，要么是施工单位在停工限产期间暗中施工，等等，这些被处罚的原因大部分是现场监理人员根本不可能或者没有职权去发现和制止的。针对此事件协会起草了《关于在施工扬尘治理中对监理企业进行处罚有关问

题的反映和建议》，从监理技术咨询服务的属性、不产生任何扬尘污染的特性到建设单位、施工单位和监理单位同等责任的不合理性等多个角度向政府和行业主管部门反映行业的意见和诉求。协会兵分为5组，第一组去郑州市政府、第二组去河南省住建厅、第三组去郑州市环保局和控尘办、第四组去郑州市建委，第五组去郑州市发改委，每组均有2~3名副会长组成，将意见和建议递交有关部门领导，当面汇报工作并反映情况，5个组的工作形成合力，意见和建议得到了有关部门领导的高度重视，并做了批示，最后在郑州市政府环保治理工作专题会议上，研究了监理在扬尘治理中的特殊性，监理不再与建设单位和施工单位同等责任，同时修改了计分办法。至此，监理单位没有因扬尘治理再被处罚。

（二）与相关行业联合开展活动

近年来，随着工程监理企业业务边界的不断扩大，工程监理企业逐渐涉足造价咨询、招标代理、勘察设计以及BIM为代表的新技术领域，协会迫切需要与相关行业进行横向的交流和合作，赢得相关领域的话语权，提升工程监理的影响力。协会与河南省勘察设计协会、建设科技协会、房地产协会、质量监督检测协会、城市规划协会、村镇规划协会每年共同举办建筑信息模型（BIM）技术应用大赛，截至目前，共举办了两届，共有5家工程监理企业的BIM应用成果获奖，取得了丰硕的成果。大赛之后，协会与相关行业协会共同开展了建筑信息模型（BIM）技术应用专题讲座和优秀成果展示，在各省辖市进行巡回讲座，开创了"专家主题讲座＋优秀项目成果展示"的BIM技术推广方式。

协会还参与举办了河南省装配式建筑高峰论坛，加深工程监理行业对建筑装配化发展现状的认知，理解装配式建筑相关技术问题和有关应对策略，引导监理行业站在建筑业转型升级的高度去看待装配式建筑，并在装配式建筑这一新型领域开拓新的业务空间，培育企业的创新能力。

（三）与党报媒体加强合作

为弘扬工匠精神和精益求精的敬业风尚，突显河南省监理行业高质量发展成果，协会和河南日报社每年共同举办一届"工匠精神、筑梦中原"为主题的河南城乡建设发展高峰论坛。协会在论坛之前向河南日报社推介高质量发展标杆监理企业、创新型领军监理企业和杰出咨询工程师，由河南日报社通过报社客户端发起社会网络投票，组织专家评审，评选出十佳高质量发展标杆监理企业、十佳创新型领军监理企业、十佳杰出咨询工程师，名单在河南日报社公布，并在高峰论坛上发布并颁奖。

目前，活动已举办了三届，作为推介出彩河南企业和河南人的党媒活动，监理行业的职业精神、职业道德、职业能力和职业品质得到了政府有关部门领导的认可，监理行业追求卓越的创造精神、精益求精的品质精神和用户至上的服务精神也得到了社会公众的较深程度的理解，这项活动也得到了省委宣传部的支持，并将继续举办下去。

（四）同金融机构合作，为行业提供金融服务

为扶持中小型民营企业的持续发展，促进互联网和普惠金融与河南省监理行业的融合，协会和建设银行郑州分行签订了5个亿的授信框架协议，银行向监理企业的经济活动提供担保、贷款、保函、垫款、信用证、项目融资、票据贴现等金融业务。协会以牵头组织者而不是担保人的身份，向建行提供诚信自律的中小民营监理企业名单，名单内监理企业一旦需要银行提供上述金融业务的支持，银行通过总行互联网大数据审核，没有不良记录就即刻放款或者出具相关票证，无需抵押担保和繁琐的书面材料，资金使用利率是人民银行规定的基准利率，不再上浮，利率一般为4%~5%。

四、加强社会责任

行业协会同政府部门脱钩以后，必须要走上自力更生的市场化办会之路，话语权和公信力都是自我打拼出来的，行业协会树立良好的社会形象，促进并改善与相关利益主体和公众的关系，让行业可持续发展，并赢得社会良好的反馈、理解和尊重。

（一）助力扶贫公益事业

为落实党中央精准扶贫的战略布局，协会发出

号召，组织广大建设监理企业积极行动起来，参与扶贫攻坚行动，勇于承担社会责任，倾心、倾情、倾力于贫困乡村的扶贫工作，河南省监理行业选择了商城县河凤桥乡田湾村作为扶贫点，出资建设了乡村文化广场工程，共有48家工程监理企业参与扶贫攻坚行动，为提高河南省建设监理行业的社会影响力和公信力作出了重要贡献，也在勇于担当、回馈社会中，实现行业价值的跃升，进而带动更多的力量投入到扶贫攻坚事业中。田湾村党支部第一书记李育军在感谢信中表示："你们为决胜全面小康社会作出了河南省建设监理行业应有的贡献"。

在协会的倡导下，部分监理企业还以不同形式成立了企业层面的爱心基金会，扶助贫困老人、救助因病返贫的家庭、资助贫困的学生、捐助山村学校、辅导留守儿童。

这些行动向社会表明了河南省监理行业践行"责任监理、和谐发展"社会责任理念的自觉性，彰显了河南监理行业努力实现价值创造与奉献社会有机统一的使命感。

（二）加强行业文化建设

党的"十九大"报告指出，满足文化需求是满足人民日益增长的美好生活需要的重要内容。一个靠知识和技术吃饭的行业，对文化的需求、对健康的要求、对荣誉的渴望更甚。协会从2013年开始，每年都在全行业举办形式不同的运动会，用竞技体育的精神激励从业人员不畏强手，敢闯敢拼，勇创佳绩，追逐梦想，同时用事实昭示行业，"团结、友善、和谐"是河南省监理行业持续发展的遵循，是行业建设的基础。每届运动会都诠释着和谐友谊、交流合作、团结奋进的文化内涵，展现参赛监理企业和参赛运动员的个性风采，形成了个人心情舒畅、团队生动活泼的良好发展氛围。

五、几点建议

当前，协会面临的问题是如何加快自身的建设，适应社会的转型、行业的变革以及会员单位的升级，行业协会能够起到真正的引领和指导作用，

提供真正满足会员深层次需求的服务。

（一）政府有关部门要加强扶持和培育行业协会，在评优表彰、人员培训、诚信自律和开展活动等方面，为行业协会松绑，打破不利于行业协会发展的条条框框，避免行业协会噤如寒蝉，如履薄冰，作用处处受到限制，给予行业协会在资源整合、职能定位、引领行业等方面较大的发挥空间。

（二）政府有关部门在实施行业管理时，缺乏与行业协会的制度性沟通，行业协会很少有机会进入"源头参与"，多数是事后通知。好的方式是将协会纳入政府网络管理，有关的会议要通知协会参加，有关的政策文件在起草时要征求行业协会的意见和建议，要信任并指导行业协会开展行业服务、自律、协调等工作，帮助解决实际困难，促进行业协会的改革发展。

（三）政府有关部门要积极委托行业协会开展相关业务活动或提供服务，建议政府加大宏观放权与微观放权，有计划、有针对性、有监管地将一些非许可类的、专业性的服务委托给行业协会。

（四）行业协会要进一步自主创新，解放思想，转变转念，摆脱事务性工作的束缚，在行业的标准制定、培训认证、行业统计、制定行规行约、调查与研讨等方面树立权威性，赢得话语权。

结语

中国特色社会主义进入新时代，我们行业协会的改革发展要不断适应这一伟大历史飞跃的新形势，在工程监理行业发展的长周期中，把握行业发展的阶段性特征，贯彻新发展理念，聚转型之势，谋突破之道，明大势、循正道、求善治、施良策，引领监理行业开启迈向更加均衡、更加高端的高质量发展之路，树立朴实、踏实、扎实的作风，以新的做法、新的创造、新的形象和新的担当，不犹豫、不懈怠、不畏难，努力作工程监理制度坚定的支持者、维护者、建设者和发扬者，更好地发挥行业协会在促进经济社会改革发展中的建设性作用。

深化服务　规范运行
——云南省建设监理协会六届理事会工作汇报

杨丽
云南省建设监理协会

各位领导、各位理事、同志们：

大家上午好！

首先，热烈欢迎大家光临温暖美丽的春城昆明。感谢中国建设监理协会安排我作发言，同时，我本人也很忐忑，因为我们的工作与各兄弟协会相比差距还很大，我们一直在努力向各兄弟协会学习，几年来也得到了中国建设监理协会及其他各兄弟协会的大力帮助，在此表示由衷的感谢。应大会要求，我也将我们云南省建设监理协会近期来的工作情况向大家作汇报，恳请批评指正。

一、协会工作机制的探索

（一）认识协会工作意义

云南省建设监理协会成立于1994年，今年已是26年，多年来协会工作得到会员单位的认可，具有较高信誉。自2013年协会与主管部门脱钩至2016年第六届换届之时，经历4年的锻炼，会员单位、协会领导及秘书处工作人员均对作为社团组织的行业协会，

其存在和发展的意义有了新的认识。特别是协会4年一换届，其工作的连续和机制的稳定非常重要。因此，建立一套稳定、可持续且有作为的工作机制对于协会的长期发展是很关键的。而工作机制的建立又取决于会员单位，特别是理事会、常务理事会及协会领导对协会使命的基本认识。基于这样的观点，我本人在换届作为第六届会长之后，加紧学习社团知识，同时也发动大家一起学习，在共同的学习、讨论中求同存异，为我们工作机制的建立打下了基础。总结两年来的工作，有以下心得和大家分享。

（二）会长办公会制度的建立

协会会长办公会制度的建立是本届协会工作的重大转变。会长办公会由会长、9名副会长、秘书长组成，研究决策每年度工作计划及重点事项。截至目前，我们共召开12次正式会议及若干次的专项会议。特别是一些重要事项的决策均经会长办公会的表决后作出，避免了矛盾，增进了团结，统一了认识。同时，协会工作由大家一起分担也减轻了压力。两年来，协会专家委员会的成立、编委会成立、地方标准编制、培训教材编写至今年会员大会的评优表扬等都经由会长办公会提出工作方案或工作思路，再分工实施落实。大家在共同的工作中也加深了对行业协会的理解，自觉自愿参与协会工作并出谋划策，为协会工作的顺利开展创造了非常重要的前提条件。

（三）建立党组织，加强党的领导

两年来，协会紧紧围绕新时代党的建设要求，通过参加入党积极分子培训、党员发展对象培训，

动员会员单位的正式党员办理待转手续等工作，为协会党组织的成立做准备。2018 年 4 月，经中共云南省民政厅社会组织委员会的批复同意，"中共云南省建设监理协会支部"成立。支部成立后，按党组织规定召开了第一次全体党员会议，会上，经民主选举，协会副会长王锐同志当选为协会首任党支部书记。随后，按基层党支部六有建设："有场所、有设施、有标志、有党旗、有书报、有制度"的规范化要求，建立了党员活动室，并定期开展党员教育学习和活动。协会党支部的成立是协会发展的里程碑，标志着协会工作踏上了更高的台阶。

（四）发挥专家委员会及编辑委员会的作用

为进一步加强和提升云南省工程监理技术和咨询工作，更好地服务于广大会员，配合好政府开展云南省工程监理改革与创新工作。根据协会工作的开展情况，先后建立了会刊编委会、专家委员会、培训教材编委会、地标编委会、课题研究小组等日常和专题工作机构。通过会刊编委会，对原有栏目进行了改版，严格审查刊登内容，使会刊焕发了新的活力。通过专家委员会，依托专家专业技术优势，建立教材编委会、地标编委会和课题研究小组，开展了培训教材、行业自律；推进"云南省建设项目全过程咨询服务的建议报告""云南省建设工程监理规程""云南省工程质量监理报告制度试点方案""云南省建设工程监理项目招标评标办法""云南开展全过程工程咨询服务"等课题和多项行业政策、理论的研究和编写。对一些事关行业发展的重大决策，充分听取专家意见建议，提高了协会行业技术咨询服务的专业性。

（五）优化组织机构，提高工作效率

优化协会内部组织机构，定人定岗。在充分考虑协会工作量和人员情况后我们对协会部门进行了精简调整，调整后的岗位数量减少了，但每一个岗位的工作责任明确，工作量和工资待遇相应都有了不同程度的增加，工作人员的工作积极性调动起来了，工作效率也得到了进一步提升。

两年多来，随着协会工作方式和观念的转变，秘书处的每一位工作人员，在服务会员时都能做到有问必答，当了解到会员在培训学习、资质升级、证书相关业务办理方面遇到问题时，都会想方设法主动联系和帮助会员协调和解决。通过大家的共同努力，我们与会员的沟通更加紧密，会员在遇到问题时也会主动与我们联系，协会的服务工作也得到了大多数会员的肯定和认可，希望会员把协会当成家，这正是我们努力的方向。

二、听取会员心声，将服务会员放在首位

（一）倾听会员心声，开展首次全体会员调研活动

2017 年年初，为深入了解行业现状，倾听会员心声，向主管部门发出行业最真实的声音，经会长办公会商议确定，协会通过向会员单位发放调查问卷公开征询工作建议入手，组织由会长办公会牵头和常务理事、部分理事为成员的调研组，历时一个多月，分赴云南 16 个州（市），以实地走访、集中座谈、广泛讨论的方式，走进会员企业，开展了自协会成立以来的首次覆盖全体会员的调研工作。通过聆听会员心声，了解到各地企业在从业人员、行业自律等方面存在的巨大困难和问题。在调研结束后，根据收集和掌握的资料信息，协会拟写了《云南省工程监理 2017 年调研情况与发展建议》，将会员普遍反映的注册人员稀缺、持证上岗人员严重不足、从业人员职称学历偏低、市场低价恶性竞争等比较严重的问题向行业主管部门进行了汇报和反映，为主管部门了解行业现状，规划和实施相关决策提供了重要和真实的参考依据，同时就云南省监理人员培训上岗资格、中介超市等问题又作为专题报告提交给主管部门，并得到了部分解决。

（二）加强会员服务，增进会员沟通和交流学习

除了通过会员调研方式与会员单位进行面对面的沟通交流外，协会还以每年充分利用会员大会举办专题论坛的方式，加强会员的相互沟通与交流学习。2017 年底，借协会六届二次会员大会之机，业内 6 家实力企业代表以 BIM 技术应用、企业信息化管理、项目管理及全过程工程咨询为主题在大会上进行了经验交流。2018 年 12 月，在云南曲靖举行的"云南省建设监理协会六届三次会员大会暨工程监理行业转型升级创新发展论坛"，我们邀请了行业内在 BIM 技术应用、工程总

承包、项目管理、企业转型升级方面实践经验较为丰富的企业老总，围绕当前大家普遍关注的热点问题，结合自身实践情况进行了经验分享，给大家在企业转型升级和创新发展方面带来了新的思路。当天的论坛，还特别邀请了云南省装配式建筑研发中心暨云南省设计院的专家分析了省内装配式建筑未来发展的方向。昆明理工大学的教授以信息技术知识为新型动力赋能于个人和企业咨询服务能力分析入手，向大家阐述了"知识赋能全过程工程咨询"的观点。因为会议和论坛内容的丰富与充实，此次大会的参加人数大大超过了以往年度大会人数。大家通过论坛交流与学习，吸纳了一些新信息，打开了新思路。会后，代表们表示对来年的论坛充满期待。2019年，协会也将根据会员的需求，再接再厉，努力为大家提供和创造更多的交流学习机会。

（三）做好从业人员培训，改进培训资格条件

2018年，监理业务培训工作得以启动，截至12月底，共举办19个培训班，3910人参加了培训。参加培训并考试合格的人员，可领取由云南省住房和城乡建设厅印发的"云南省住房城乡建设领域监理业务培训合格证书"（电子证书）。除此之外，积极拓展培训类别，开展了"人防监理工程师培训"，还免费为会员举办了"监理企业信息管理系统技术交流""建筑行业BIM应用""财税和社保政策解读培训"等专题讲座活动，给会员带来了行业前沿的信息化专业技术经验和最新的财税、社保政策经验分享，拓宽了思路和眼界，受到广大会员的欢迎和好评。

另一方面，为使云南省上岗培训更具有针对性，切实提升培训品质，并带动人员素质的提升，2017年初，经会长办公会决定，抽调协会专家委员会成员组建培训教材编委会，经过编委们近9个月的辛勤付出，2018年以来的监理业务培训，都免费使用上了新的培训教材，为每位学员节省了至少120元学习费用。

（四）会员资质升级情况

截至2018年底，协会会员企业总数为179家；其中，综合资质2家、甲级51家、乙级68家、丙级57家。近两年，各会员企业在加强内部建设、拓展业务服务领域、打造企业品牌上下功夫，企业资质方面，有了很大的提升。据协会统计，在2018年里，有多家会员企业通过努力完成了资质升级。其中，有5家企业喜升甲级，有15家企业资质升到乙级。

（五）树立行业标杆，开展评优表扬活动

2018年11月，为庆祝工程监理行业创新发展30周年，总结云南省工程监理行业发展历程和成就，树立行业标杆，展示企业风采，鼓舞行业士气，经会长办公会研究，并征询理事同意后，协会开展了评优表扬活动。本次评优由常务理事会、理事会和会员代表抽调组成评优工作组和评优监督组开展工作，对申报单位和个人进行了认真评选，并对评选过程和结果进行了全程监督，未收取参评企业和个人任何评审费用和赞助费。最后，经过评优工作组和评优监督组两次评审会议的综合评审结果，评选出了26家优秀工程监理企业和100名优秀总监理工程师、2名优秀协会工作者。评出的优秀企业和个人，在六届三次会员大会上进行公开表扬，以此鼓舞士气，受到会员单位的好评。

三、重视与主管部门的沟通，为行业改革发展建言献策

（一）加强行业政策和理论研究，承接政府购买服务项目

与主管部门的沟通对本地区行业发展非常重要，两年来，我们与主管部门的沟通不断加强，并积极配合主管部门开展对行业政策和理论的调查研究。近两年来，根据云南省住房和城乡建设厅委托，结合不同的课题和任务，协会充分发挥专家库的专家作用，并抽调相关行业专家和高等院校教授组成课题组，协助主管部门研究起草了《云南省建设工程施工质量监理报告制度试行办法（建议稿）》承接了"云南开展全过程工程咨询服务"课题研究的采购服务、牵头起草《云南省建设工程监理项目招标评标办法》及相关文件示范文本等工作任务。其间，各课题组多次召开专题会议，围绕任务内容开展研究讨论和进行必要的行业调研。各组成员分工协作，密切配合，在大家的共同努力下，《云南省建设工程质量报告监理制度试点工作方案》（云建质函〔2018〕25号）于2018年2月9日正式发布，云南省建设工程质量监理报告制度

试点工作在昆明市呈贡区、曲靖市、大理州3个地区展开，取得了很好的效果，并将在全省推行。"云南开展全过程工程咨询服务"课题报告初稿已完成，正在内部讨论修改，为申报验收做准备；《云南省建设工程监理项目招标评标办法》及相关文件示范文本的初稿即将进入征求意见阶段。

（二）规范行业服务，启动《云南省建设工程监理规程》编写

《建设工程监理规范》GB/T 50319-2013作为最新版的国家标准，在具体执行中有不少操作环节是需要配套地方标准实施，才能切实履职到位的。2017年，协会向政府主管部门上报了云南省建设工程监理地方标准，《云南省建设工程监理规程》的编写申请，2018年5月，经云南省住房和城乡建设厅批准，该规程编写正式立项。规程参编单位16家，编写费用全部为参编单位自筹。该工作由会长负责领导，各参编单位抽调专家参与组建编委会，在明确了本规程的宗旨和基本原则后，按章节分4个小组进行。从筹备至今，编委会仅大组讨论会即召开了4次，4个编写组加班加点，目前初稿已完成，接下来将进行至少三轮的讨论修改，计划将于2019年8月前报云南省住房和城乡建设厅审核，如各阶段工作能顺利推进，可望于2019年内获批准颁布。

四、加大宣传力度，发挥信息平台的作用

为加强行业宣传力度，换届后召开编委会商议确定了重组通讯员团队和协会刊物的调整。两年来，协会收到投稿数量增加，采用后均发放稿费。在2018年度通联会上，我们对表现特别优秀的通讯员进行了表扬。除此之外，在2017年一月份申请开办微信公众号，通过公众信息平台每周发布行业最新动态信息，展示宣传协会工作进度成果。协会的门户网站在2017年也进行了优化升级，优化后的网页，增加了新入会会员单位的滚动显示，使搜索会员单位更加准确便捷，会员单位的陈列展示更加分明，同时，对更新发布的信息内容有了更明确的定位。

五、阳光运行，规范管理

（一）阳光履职，勤廉办公

换届以来，六届领导班子始终坚持"阳光履职，勤廉办公"。首先，严格按协会章程和协会工作制度实施规范管理；其次，重要事项必须经会长办公会表决方可实施；严格遵守财务和监督审计制度，严格履行监事会对协会财务收入情况、人员工资及办公相关费用支出账目、年度财务审计报告和财务预算的监督和审查，对监事提出的问题及时给予解答。监事依据章程列席理事会、常务理事会，按照程序向会员大会报告监事工作情况，努力做到有章可循、有人负责、有人监督。

（二）参与社会组织评级，落实协会规范化管理

为切实提升协会规范化管理水平，2018年8月协会参加了云南省民政厅组织的社会组织等级评估。秘书处认真根据《云南省社会组织评估管理办法》关于社团组织的综合评估4个指标：基础条件、内部治理、工作绩效和社会评价，对照152个打分项目逐一进行自查自评及整改。通过云南省民政厅行业协会商会社会组织评估小组的认真审查和评估，协会各项工作获得了评审组成员的肯定和一致好评，并通过评审达到5A标准，目前正在公示期间。

（三）支持公益事业，协会捐款献爱心

倡导人性关怀，构建和谐社会。协会在努力推动行业向前发展的基础上，勇于担当社会责任，积极主动参与支持公益事业的活动，2018年7月，协会参加了"预防艾滋病母婴传播项目启动会暨'阻断艾传递爱'公益募捐活动"并进行了捐款，积极为预防艾滋病母婴传播贡献一份爱心。

当前，行业正处于改革调整期，企业面临转型升级的压力，需要我们面对和研究的问题还很多，2019年是一个充满不确定性最多的年份，企业、个人都将面临挑战，我们将充分发挥协会平台的作用，团结会员单位，共同研究探讨解决困难、迎接挑战的方法、途径，并在以培训带动从业人员素质提升、加强研究与推进全过程工程咨询的政策落地与实施、探讨企业的转型升级等方面作出努力。相信我们的未来将更加美好！

工程监理新模式在巴斯夫（重庆）MDI项目上的成功应用

刘青春　张迪

吉林梦溪工程管理有限公司

摘　要："IPMT+EPC+工程监理"的项目管理模式下的工程监理，是外国独资或合资石油化工企业在中国境内工程建设项目管理模式上的成功应用，也是将国外先进的项目管理模式、国际规范标准与国内石油化工建设工程监理相关要求相结合的工程监理新模式体现。吉林梦溪工程管理有限公司在巴斯夫（重庆）MDI项目中按合同要求承担IPMT项目管理中的质量管理及工程监理双重职能，实现了项目管理和监理一体化。此种工程监理新模式的应用，使涉外项目实施收到良好的效果，也为本单位在涉外项目管理业务发展上取得了宝贵的经验。

关键词："IPMT+EPC+工程监理"　质量管理　监理　一体化　新模式

传统的国内工程监理模式为"业主+施工承包商+工程监理"，工程监理单位受建设单位委托，根据国家法律法规、工程建设标准、勘察设计文件及合同，在施工阶段对建设工程质量、造价、进度进行控制，对合同、信息进行管理，对工程建设相关方的关系进行协调，并履行建设工程安全生产管理法定职责的相关服务活动。近年来，国外大型石油化工企业（英国BP公司、德国巴斯夫公司、荷兰皇家壳牌公司及法国道达尔石油公司）相继建成了多个独资或与中石化、中石油及中海油等央企合资石油化工项目，这些石油化工项目实施过程中大多采用了"IPMT+EPC+工程监理"的模式。

我们有幸参与了巴斯夫（重庆）MDI项目、大连西太平洋石油化工有限公司检维修工程质量管理服务项目，承担了项目施工过程中的质量管理和监理工作，实现了项目管理和监理一体化新模式。现以巴斯夫（重庆）MDI项目为例，对"IPMT+EPC+工程监理"的模式下工程监理新模式加以分析。

一、巴斯夫（重庆）MDI项目组成及主要参建单位

巴斯夫聚氨酯（重庆）有限公司[以下简称，巴斯夫（重庆）]年产40万吨二苯基甲烷二异氰酸酯（MDI）项目主要包括：硝基苯装置、苯胺装置、粗MDI装置、MDI分离装置等4套工艺装置及储运、公用工程、辅助工程3项配套工程。

整个项目实施过程中采用"IPMT+EPC+工程监理"模式。IPMT项目管理团队由业主巴斯夫（重庆）MDI项目组、EPC承包商韩国大林工程公司、中国惠生工程公司、工程监理吉林梦溪工

程管理有限公司和重庆化工设计研究院有限公司等联合组成；施工承包商为中国化学工程第三建设有限公司、中国化学工程第七建设有限公司；质量监督站为：重庆市质量监督站。

二、工程管理模式

为高水平、高标准、高速度地把巴斯夫（重庆）MDI 项目建设成为中国西部大开发示范石油化工工程，结合项目外资背景的实际情况，业主决定采用"IPMT+EPC+ 工程监理"的项目管理模式。

（一）"IPMT+EPC+ 工程监理"项目管理模式的含义

IPMT 是 Integrated Project Management Team 的缩写，直译为项目一体化管理组。

"IPMT+EPC+ 工程监理"项目管理模式是指在项目一体化管理组的领导下，对项目实行设计、采购、施工工程总承包一体化管理模式，并委托具有相关资质的监理单位对实施阶段进行工程监理。

（二）巴斯夫（重庆）MDI 项目"IPMT+EPC+ 工程监理"下的工程监理新模式简介

吉林梦溪工程管理有限公司与巴斯夫（重庆）有限公司就年产 40 万吨二苯基甲烷二异氰酸酯（MDI）项目签订了质量管理、监理服务合同。吉林梦溪巴斯夫（重庆）MDI 项目监理部在此项目中起到了 IPMT 中质量管理及工程监理的双重职能。吉林梦溪巴斯夫（重庆）MDI 项目监理部在"IPMT+EPC+ 工程监理"项目管理模式中的工程监理新模式，组织机构见下图，图中"IPMT 质量部"和"监理"均由吉林梦溪公司按合同约定派出专业技术人员参与相应的项目管理中质量管理及工程监理工作。

（三）监理工作职责描述

吉林梦溪工程管理有限公司按照合同要求向现场派驻总监理工程师及各专业监理工程师，组成监理团队，受建设单位委托进行项目的质量监督和监理工作。监理工作须符合中国国家法规《工程监理规范》GB 50319-2013，以及所有与质量监督有关的中国国家法规、规章的规定。

监理工作的主要内容：编制《监理规划》并得到建设单位批准，按合同要求应编制土建、钢结构、管道、设备、电气、仪器仪表、焊接、防腐 / 保温等《专业监理细则》；对所有 QA/QC 检查结果、检测报告以及 IPMT 质量部质量

检查人员对检查后所出示的流转文件进行审查和盖章，并获得相关部门审批所需的所有证明文件。

监理用英文书写审查意见，往来函件也是英语书信；监理的工作范围不包括进度控制、费用控制、现场施工协调等工作，也不包括对现场实体质量的过程控制和责任。在巴斯夫（重庆)MDI 项目中，交工竣工资料土建部分执行重庆市地方政府规定的"渝建竣"表格，安装部分执行《工业金属管道工程施工规范》GB 50235-2010、《石油化工建设工程项目交工技术文件规定》SH/T 3503-2017、《石油化工建设工程项目施工过程技术文件规定》SH/T 3543-2017 等国家和行业标准要求。

（四）质量管理工作职责描述

吉林梦溪工程管理有限公司按照合同要求派驻项目经理任 IPMT 质量部质量经理，提供专业质量工程师、专业质量检查员，一并组成 IPMT 质量部。IPMT 质量部在 IPMT 项目经理的领导下，按照相关国内外标准规范、勘察设计文件及 IPMT 项目管理团队编制的《检试验计划》(Inspection & Test Plan) 所规定的监督和检验内容，在施工现场和预制地点执行日常持续的现场质量检验、监督和检查。

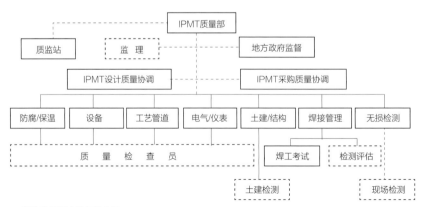

工程监理新模式组织机构图

质量管理工作的主要内容：按照 IPMT 项目管理团队的每个专业要求提供合格的质量工程师、质量检查员，代表 IPMT 项目管理团队执行检查、监督、流转文件的编制和审查，协调与政府主管部门和监理的工作，以确保所有的质量活动严格遵守国家、省、自治区、地方和行业的法律、法规和规章，所有项目相关质量要求得到落实。

现场质量管理工作执行 IPMT 项目管理团队下达的工作指令与具体工作要求。在与参建各方通信联系方面，正式的书面书信、工程报表与电子邮件均采用英文书写；现场实体质量检查工作采用中英文相结合的方式进行。现场工程质量执行国内外标准规范，土建专业执行中国国家和重庆市地方标准；安装、电仪、防腐保温等专业执行国际通用标准和德国巴斯夫企业标准。

三、"IPMT+EPC+ 工程监理"项目管理模式下的工程监理新模式在本项目中的亮点

新型管理模式使巴斯夫（重庆）MDI 项目优势得到更加充分的发挥，业主单位、总承包单位、监理单位及施工单位分别在统筹协调、设计、现场管理上的优势得到互补。参建各方严格按照相关法律法规、国内外标准规范，遵循建设管理程序、优化资源、积极协调，确保项目进度、质量、费用、安全全面受控。

（一）定期组织召开项目监理工作例会

监理团队组织参建各方召开项目监理工作例会，建立各项考核机制，对近期工程质量、安全等方面进行全面督导，重点协调解决重大设计变更，重大质量

安全隐患、相关政府协调及外事问题。

（二）建立项目质量计划

根据德国巴斯夫公司工程项目质量体系总体要求，我们结合项目特点，编制了符合国际通用规范标准的巴斯夫（重庆）MDI 项目质量计划，其中包括：目的、质量方针、组织机构与职责、质量体系运行要求与要素、质量绩效指标、设计质量保证、采购质量监督、施工质量保证和质量审核。该计划为所有参建方明确了质量要求及质量目标，为整个项目提供了质量管理指南。

（三）制定质量检查程序，执行检试验计划

项目实施过程中，我们制定了项目质量检查程序，落实质量检查人员职责，明确了检查内容和流程。开工前，要求施工承包商按照项目质量计划的要求编制各专业检试验计划（ITP）并提交给 IPMT 项目管理团队进行审核。在检试验计划审核过程中，IPMT 项目管理团队、监理、质量监督站、质量技术监督局/特检院可能会增加一些检查点，对承包商施工质量进行管理控制。IPMT 项目管理团队也会标注出需要检查的工作范围，并在已审核的检试验计划的基础上标出停检点、见证点和审核点。

施工承包商按已审核的检试验计划里的规定对每道工序进行自检，检查结果应符合规范要求，并形成自检记录及相关文件；检试验计划中的停检点和见证点，施工承包商应提前告知 IPMT 质量部质量检查员并准备书面报验申请，申请报告应附材料设备出厂证明，施工检查记录，测试报告等证明文件。如果检查合格，IPMT 质量部质量检查员会在检查申请和检查记录上签字确认。报验资料流转给监理团队审核、签

名并盖章，进而形成交工资料。监理团队应确保交工资料符合质量监督站、质量技术监督局、档案馆等政府部门的要求。

（四）现场推行"样板工程"检查

根据 IPMT 项目管理团队国际质量标准要求，IPMT 质量部对关键工序施工进行"样板工程"（Masterpiece）检查。首先，IPMT 质量部组织参建各方对"样板工程"实施标准进行联合认定后，施工承包商方可按此标准进行相同工序大规模展开施工。通过推行"样板工程"检查制度，保证了项目实施过程中的质量标准，尽可能减少因质量不达标而造成大面积返工的情况，进而有效的保证施工进度。

（五）实行第三方检测制度

为了确保项目工程质量检测数据真实可控，业主单独与土建检测单位、无损检测单位签订第三方检测合同。若 IPMT 质量部怀疑现场工程检测结果的真实性，则有权再委托另外检测单位进行复检、复评；另外，IPMT 质量部如怀疑到货设备、材料及构配件的质量不达标，则有权委托第三方检测单位进行复检。通过实行第三方检测制度，此项目实现了现场施工及设备、材料及构配件的质量受控。

（六）发挥监理本土化优势 履行安全监理职责

监理团队根据中国法律法规、工程建设强制性标准，履行安全监理职责，并将安全监理工作内容、方法和措施纳入监理规划及监理实施细则。监理团队严格审查施工承包商现场安全管理体系的建立和实施情况，并对施工承包商人员、机具资质进行资格审查。同时严格审查施工承包商报审的专项施工方案，

并对其方案落实情况进行监督检查。监理团队发挥其本土化优势，与 IPMT 安全管理团队保持沟通协调，以确保本项目的安全管理体系既符合外方安全管理体系要求，又符合中国相关法律法规及地方政府的安全监管要求。

四、实施成效

（一）巴斯夫（重庆）MDI 项目采用了"IPMT+EPC+ 工程监理"项目管理模式下的工程监理新模式，在项目管理中实现了国外先进的项目管理与国内法定的工程监理优势互补，实现国外规范标准和国内规范标准、法律法规的相互借鉴补充，使工程安全、质量等项目管理都取得了明显的成效。此项目实现了安全管理"零伤亡"目标，从项目开始到项目结束无一起伤亡事故，安全人工时为 2700 万，达到历史较高水平。同时项目也实现了单位工程一次交验合格率 100%，装置一次开车成功，无任何重大质量事故的质量目标。

（二）吉林梦溪工程管理有限公司执行的巴斯夫（重庆）MDI 项目合同总额（包括增补合同）为 2780 万元，是吉林梦溪公司迄今为止最大的涉外项目管理及工程监理项目，并且获得良好的经济效益和社会效益。吉林梦溪工程管理有限公司由于整个项目执行的优异表现，被业主评为"项目管理最佳组织单位""安全管理先进单位"及"质量管理先进单位"等荣誉称号。

（三）吉林梦溪工程管理有限公司与施工承包商中国化学工程第三建设有限公司、中国化学工程第七建设有限公司工作配合密切并共同将巴斯夫（重庆）有限公司年产 40 万吨二苯基甲烷二异氰

酸酯（MDI）项目申报成了"2015 年全国化学工业优秀工程奖"。

（四）由于巴斯夫（重庆）MDI 项目是德国巴斯夫公司在中国西部最大的独资化工项目。项目管理团队成员均是来自欧美、亚洲各国优秀的石油化工建设项目专业技术工程师、商务专家和高素质的项目管理人才，吉林梦溪公司也是选派英语好、专业技术过硬的技术人员参与其中。在整个项目实施过程中，吉林梦溪公司锻炼了队伍，培养一批国际项目管理人才，特别值得一提的是，此项目多名英语好，素质高的质量工程师，被中国石油集团总部选派到加拿大卡尔加里大学深造，就读于国际工程项目管理专业，在加拿大参加 PMP 英语考试并获得国际项目管理协会认证的 PMP 证书。这批人员学成回国后又代表中国石油集团参加了俄罗斯诺瓦泰克公司、中国石油集团公司、法国道达尔公司三方合资的亚马尔 LNG 项目业主项目管理团队，目前亚马尔 LNG 项目已经建成投产并获得各方好评。

结语

巴斯夫（重庆）MDI 项目是工程监理在外国独资项目采用"IPMT+EPC+ 工程监理"管理模式下的一种新模式尝试。其目的是让工程监理企业充分发挥其在工程建设的工程质量监理传统优势，并在项目实践中全面介入一体化项目管理的质量管理，从而保证参建各方（业主、承包商、监理）在工程建设质量、安全管理上协调一致、互联互通确保工程建设质量、安全目标又好、又快地实现。本项目的实践表明，此工程监理新模式是成功的，同时也为国内工程监理走向工程建设全过程项目管理提供一定的参考和借鉴。

参考文献

[1] 陈涛，李孟 . 外资工程建设项目总承包条件下的监理实践 [J]. 建设监理 2006，（1）.

[2] 王迟 ."IPMT+EPC+ 工程监理"项目管理模式的应用 . 全国工程项目管理交流会 ,2013.

[3] 巴斯夫（重庆）MDI 项目 . 项目管理体系文件 ,2012 年第二版 .

基于监理企业责任的危险性较大工程分部分项工程安全管理研究

周敏

临汾方圆建设监理有限公司

摘　要：随着我国社会经济的发展，建筑行业也取得了日新月异的进步，但是安全事故仍然时有发生，造成较大的人员伤亡和财产损失。因此，工程监理企业在项目管理工作中应该加大对安全工作的重视，尤其是加大对危险性较大分部分项工程的管理力度，以达到安全生产的目的。笔者从目前危险性较大分部分项工程安全监理上出现的问题入手，对其现状和问题产生的原因进行分析，寻求加强对危险较大分部分项工程进行安全监理的对策。

关键词：危险性较大的分部分项工程　工程监理　安全

引言

2018年3月8日住建部以住建部令的形式颁布了《危险性较大的分部分项工程安全管理规定》[①]，将于2018年6月1日起正式实施。同时原来的《危险性较大的分部分项工程安全管理办法》[②]即将退出舞台。通过修订，进一步明确了危险性较大的分部分项工程（以下简称危大工程）参建各方职责，细化了各方法律责任。危大工程一般具有施工复杂、危害性大、容易造成群死群伤的特点，做好对危大工程的安全管理，历来是工程参建各方主体的重中之重。

---

① 《危险性较大的分部分项工程安全管理规定》（住建部令第37号）于2018年2月12日第37次住房和城乡建设部部常务会议审议通过，2018年3月8日发布，自2018年6月1日起施行。
② 《危险性较大的分部分项工程安全管理办法》（建质〔2009〕87号）于2009年5月13日发布。

虽然如此，危大工程安全事故仍时有发生，如2016年11月24日，江西丰城发电厂三期在建项目工地冷却塔施工平台坍塌，造成74人死亡，两人受伤；2017年3月25日，广州市第七资源热力电厂工程发生操作平台坍塌事故，造成9人死亡，3人重伤等。这类事故的发生，造成了重大的生命、财产损失，企业代价巨大，政府形象受损。

危大工程安全事故的发生，不仅是施工企业安全管理不到位的重要体现，也是安全监理责任未落到实处的集中反映。危大工程安全管理存在的问题和产生的根源，企业在危大工程安全管理中的责任，如何落实相关安全管理责任，是危大工程安全管理的核心问题。本文将对危大工程中监理企业存在的问题进行简要分析，并探讨如何应对。

一、危大工程中工程监理存在的问题及原因分析

（一）危大工程中工程监理存在的问题

建筑工程的施工过程中总是存在着安全隐患问题，其中由于工程监理管理不当而导致的问题也十分常见。现阶段监理企业在具体实施工程监理过程经常出现某些方面未认真履行安全监理职责，对危险性较大工程的方案和实施把关不严，监管不力等失职行为。具体如下：

1. 工程监理单位在审查施工组织设计中的安全技术措施或者专项施工方案是否符合工程建设强制性标准时，专业水平偏低。对于超过一定规模的危大工程，在实施专家论证前工程监理单位未有效审查专项施工方案。

2. 未将危险性较大的分部分项工程

列入监理规划和监理实施细则，针对工程特点、周边环境和施工工艺等，未制定安全监理工作流程、方法和措施。

3. 工程监理单位在实施监理过程中，发现存在安全事故隐患，不能及时要求施工单位整改；或根本就发现不了问题，无从指令施工单位整改。对于整改的内容，监理人员检查、记录不全面，跟踪性、闭合性不强。对于施工单位拒不整改的，未能及时向建设单位和监督管理单位报告，致使安全隐患变成安全事故。

（二）危大工程安全监理责任落实不到位的原因分析

危大工程安全管理责任落实不到位有两类原因：

1. 监理企业自身原因。监理企业因缺乏相应的管理制度、相应的管理知识和经验，以及其管理人员安全意识差，不能有效落实各项责任等，都是造成企业安全管理责任落实不到位的原因。建筑市场有成千上万的监理企业，他们的安全管理水平参差不齐，人员安全素质也是千差万别，还有企业负责人及安全管理人员安全知识和意识也存在较大差异，诸如此类的因素影响着危大工程的安全管理和相应责任的落实。

2. 系统性原因。危大工程安全管理系统中，因为各层之间信息流通不畅，导致参与方因为没有及时准确的信息，而不能及时做出正确的决策和履行相应的安全责任。

以上问题对安全工作产生很大的影响，主要是由于相关单位没有认真落实相关政策之故，也是导致安全事故频发的主要原因。因此，监理企业应该结合自身实际，在做好日常的本职管理工作的同时，将危险性较大的分项工程作为安全监理工作的重点，进行重点的监督和管理。

二、落实危大工程安全监理责任的对策

应从以下方面落实对危险性较大工程的监理职责。

（一）扎扎实实落实监理单位安全责任

根据《建设工程安全生产管理条例》《关于落实建设工程安全生产监理责任的若干意见》《危险性较大的分部分项工程安全管理办法》等要求，完善监理单位安全生产管理体系，确保安全监理工作落到实处。

1. 健全监理单位安全监理责任制。监理单位应根据国家相关法律法规的规定，编制建设工程安全监理责任制度和工作制度。监理单位法定代表人应对本企业监理工程项目的安全监理全面负责。总监理工程师要对工程项目的安全监理负责，并根据工程项目特点，明确监理人员的安全监理职责。

2. 有针对性地编制安全监理规划和实施细则，确定安全监理的工作程序。任何一个工程的工序或一个构件的生产都有相应的施工流程，如果一个施工流程的进行未严格按规定操作，就可能出现生产安全事故。监理单位应根据监理工程的特点，制定相应科学的安全监理工作程序，对不同的施工工序，规定相应的检测和验收方法，达到安全控制的目的。

3. 核查相关单位安全文件，督促施工单位安保体系正常运行。监理单位应按照《建设工程安全生产管理条例》及《危险性较大的分部分项工程安全管理办法》相关规定，核查勘察单位是否根据工程实际及工程周边环境资料，在勘察文件中说明地质条件可能造成的工程风险。设计单位是否在设计文件中注明涉及危大工程的重点部位和环节，提出保障工程周边环境安全和工程施工安全的意见，必要时进行专项设计。建设单位是否组织勘察、设计等单位在施工招标文件中列出危大工程清单，要求施工单位在投标时补充完善危大工程清单并明确相应的安全管理措施；核查各承包单位的安全资质和证明文件，施工现场的安全组织体系和安全人员配备，安全生产责任制及安全管理网络，安全生产规章制度，工种的安全生产操作规程，特种作业人员上岗证，新工艺、新技术、新材料、新结构的使用，安全技术方案及安全措施，保证施工参建单位现场安保体系的建立和正常运行。

（二）加强对危险性较大工程专项方案的审查力度

1. 对计算书要认真审查。目前，许多工程项目的专项方案编制千篇一律，无针对性，很多需要计算、验算的，都未计算、验算，或者随意套用安全计算软件，造成选用的材料和相应实施方法不符合工程实际和规范要求，这给危险性较大工程的实施造成很大的安全隐患。比如高大模板方案，其计算书及相关图纸应包括模板、模板支撑系统的主要结构强度和截面特征及各项荷载设计值及荷载组合，梁、板模板支撑系统的强度和刚度计算，梁板下立杆稳定性计算，立杆基础承载力验算，支撑系统支撑层承载力验算，转换层下支撑层承载力验算等。每项计算列出计算简图和截面构造大样图，注明材料尺寸、规格、纵横支撑间距。附图包括支模区域立杆、纵横水平杆平面布置图，支撑系统立面图、剖面图，水平剪刀撑布置平面图及竖向剪刀撑布置投影图，梁板支模大样图，支撑体系监测平面布置图及连墙件布设位置及节点大样图等。

2. 要做好专项方案的论证工作。对需要组织专家论证的安全专项施工方案，专家论证前专项施工方案应当通过施工单位审核和总监理工程师审查。项目监理部必须督促施工单位组织，总监和相关专业监理工程师要参加专家论证会议，对专家的资格进行审查并对论证过程进行监督。

（三）加强对危险性较大工程实施阶段的管理

1. 重点督促落实施工现场管理人员应当向作业人员进行安全技术交底，并由双方和项目专职安全生产管理人员共同签字确认；项目专职安全生产管理人员应当对专项施工方案实施情况进行现场监督。

2. 有计划、定期地对关键工序和部位进行巡查和旁站，发现和督促隐患整改。监理单位要根据监理工程的现场环境、人为障碍等因素，及时提出防范措施，促使各承包单位的自检系统正常运转。按照工程监理规范的要求，对施工现场易出问题的危险源和薄弱环节进行重点监控，制定计划，采取旁站、巡视和平行检验等形式，对日常现场跟踪监理。根据工程进展情况，监理人员对各工序安全情况进行跟踪监督，现场检查、验证施工人员是否按照安全技术措施和规程操作；对主要工序和部位的安全状况做抽检和检测，并作好记录。及时发现和督促施工现场安全隐患的整改。如监理单位对起重机械拆装、使用登记的管理，要严格按《起重机械安全监督管理规定》进行监督检查，杜绝违章操作、无证上岗行为发生，全力遏制起重机械事故发生。

3. 重点落实验收工作。对于按规定需要验收的危险性较大的分部分项工程，监理单位应当组织有关人员进行验收。验收合格的，经施工单位项目技术负责人及项目总监理工程师签字后，方可进入下一道工序。但实际上施工单位、监理单位在专项方案规定实施前的安全交底、验收和监测这些环节上做得都不到位，特别是发生高支模垮塌事故的工程，其交底、验收、监测环节几乎都存在失控现象。

4. 对于安全隐患，应采取果断措施，及时处置。监理单位在实施监理过程中，对不按专项方案实施的，应当责令整改，施工单位拒不整改的，应当及时向建设单位和住房城乡建设主管部门报告。完善安全生产条件的同时，消除施工中的冒险性、盲目性和随意性，落实各项安全技术措施，有效杜绝各类安全隐患，控制和减少各类伤亡事故，实现安全生产。

（四）努力提高监理人员安全管理专业水平

1. 加强对监理人员进行安全教育和培训，明确《危险性较大的分部分项工程安全管理规定》中的法律责任条款，提高安全理念，规范安全行为。因多年来，行业主管部门缺乏对监理人员进行安全培训和考核，同时监理人员相对缺乏安全生产管理知识和经验，对安全生产法规和专项方案的了解比较肤浅，势必需要通过短期培训，尽快适应安全管理工作。

2. 建立长效机制，从根本上完善监理人员安全管理业务技能。建议行政主管部门或专业协会建立考核机制，设置专业安全监理人员，安全监理人员持证上岗。

3. 营造安全管理氛围。行业主管部门、监理协会、监理单位要多渠道、多手段、多途径地贯彻和落实安全管理法律法规。安全管理也属系统工程，应齐心协力抓好安全管理工作，准确落实监理的安全生产责任。

结语

随着我国市场经济的不断发展，建筑业也蓬勃发展，特别是房地产和保障性用房工程，从数量和规模上来看有继续扩展的趋势，从区位和分布来看也有逐步向中小城市甚至县乡下沉的迹象。但由于种种历史原因，安全生产事故频发，造成较大的人员伤亡和财产损失，安全监理压力逐步增大。因此，作为一线的工程安全监理机构，监理企业应该认真研究制定相应的安全监理措施，因势利导，实施差异化管理。尤其是把危险较大分部分项工程的安全监理工作放在重中之重的地位，根据工程的类别和规模配备相应的安全监理力量，按照各自的职责明确相应的安全监督管理职责。

建筑施工安全问题是一个贯穿工程始终的问题，安全监理工作要围绕一个"防"字进行，未雨绸缪好过亡羊补牢。因此在安全监理管理工作中，必须有针对性的对危险性较大的分部分项工程可能出现的问题事先进行预估和防范，采取有效的防治措施，及时消除存在的安全隐患，避免或减少危险性较大工程事故的发生。

参考文献

[1] 顾志兵，倪海健，张晓东．危险性较大的分部分项工程的安全管理现状及监督管理对策[J]．建筑安全，2011，26（02）：31-34.
[2] 住房城乡建设部部署进一步加强危险性较大的分部分项工程安全管理工作[J]．中国应急管理，2017，（05）：37.
[3] 鹿中山，杨树萍．工程安全监理关键环节探讨[J]．建筑安全，2018，33（02）：37-39.

混凝土装配式建筑控制要点

耿秀琴

北京建工京精大房工程建设监理公司

摘　要：装配式建筑是用预制部品部件在工地装配而成的建筑。发展装配式建筑是建造方式的重大变革，是推进供给侧结构性改革和新型城镇化发展的重要举措，有利于节约资源能源，减少施工污染，提升劳动生产效率和质量安全水平，有利于促进建筑业与信息化工业化深度融合，培育新产业新动能，推动化解过剩产能。

关键词：装配式建筑　质量　控制

一、什么是装配式建筑

装配式建筑是转变城市建设模式、有效降低建筑能耗、推进工业化的重要载体。

（一）联合国经济委员会对工业化的定义

1. 生产过程的连续性。房屋建造的全过程联结为完整的一体化产业链。

2. 生产物的标准化。设计的标准化，建筑部品、构配件的通用化和系列化。

3. 生产过程的集成化。是指建筑技术、部品与建造工艺、工法的系统集成。

4. 工程高度组织化。科学管理方法把建造全过程组织起来

5. 生产的机械化。是指减少现场人工作业，实现构件生产工厂化、施工建造机械化。

（二）我国规范《工业化建筑评价标准》

我国规范《工业化建筑评价标准》GB/T 51129-2015，于 2016 年 1 月 1 日实施。采用以标准化设计、工厂化生产、装配化施工、一体化装修和信息化管理等为主要特征的工业化生产方式建造的建筑。

（三）建筑装配式特点

1. 临建设施工具化

2. 结构构件装配化

3. 配件安装整体化

4. 现场施工机械化

5. 现场管理信息化

6. 操作人员专业化

构配件生产工业化

梁柱节点一体化预制构件吊装

工业化体系建造

二、对预制厂监造控制要点

（一）预制厂的生产企业技术要求

1. 应具备规定资质；

2. 质量保证体系符合要求；

3. 预制构件生产制作方案编制、审批情况，技术交底制度落实执行情况；

4. 原材料和产品质量检测检验计划建立落实情况；

5. 混凝土制备质量管理制度建立落实情况；

6. 预制构件制作质量检验制度建立落实情况；

7. 预制构件成品存放、运输中成品保护措施落实情况；

8. 质量控制资料收集整理情况。

（二）核实构件生产的前期图纸深化

在施工前，项目从生产、施工等参建各方的角度出发，对构件进行图纸深化设计，确定构件相关的吊点、埋件、预留孔、套筒、接驳器等的位置、尺寸、型号等相关方案措施。

预制墙体主要包含：斜支撑预埋套筒定位、模板及固定孔位、圈边龙骨固定孔位、构件企口设计、外窗木砖预埋、其他预留洞。

预制叠合板主要包含：烟风道洞口、吊点预埋、电盒预埋、上下水孔洞、放线孔、泵管洞、板边企口设计、其他需求的预留洞。

（三）原材料控制

驻厂监理要严格控制原材料，因厂家在原材料进货上有以下特点：批次多，一次进货量大。注意此批次符合相关规范规定的要求，严格控制原材料、成品、半成品的质量，包括保温、连接件等，对需复试的材料必须按规定进行复试，复试合格后方可使用。对此批次原材料

进行标识。

（四）过程控制

1. 检查模具

模具应具有足够的强度、刚度和稳定性。模具组装正确，应牢固、严密、不漏浆，并符合构件的精度要求。模具堆放场地应平整、坚实、不应有积水，模具应清理干净，模具表面除饰面材料铺贴范围外，应均匀涂刷脱模剂。

2. 钢筋隐检

钢筋加工骨架尺寸应准确，钢筋品种、规格、强度、数量、位置应符合设计和验收规范文件要求，钢筋骨架入模后不得移动，并确保保护层厚度。

埋件、套筒、接驳器、预留孔等材料应合格，品种、规格、型号等符合设计和方案要求。预埋位置正确，定位牢固。

3. 面砖反打施工

面砖进厂进行验收，在模具内铺面砖前，应对面砖进行筛选，确保面砖尺寸误差在受控范围内，无色差、无裂掉角等质量缺陷。入模面砖表面平整，缝隙应横平竖直，缝隙宽度均匀，符合设计要求，缝隙应进行密封处理。

4. 门窗框安装

窗框进厂进行外观验收，品种、规格、尺寸、性能和开启方向、型材壁厚、连接方式等符合设计和规范要求，并提供门窗的质保资料。窗框安装在限位框上，门窗框应采取包裹遮盖等保护措施，窗框安装位置正确，方向正确，横平竖直，对安装质量进行验收。

5. 构件混凝土浇捣

厂家自检合格后，报驻厂监理验收，应对钢筋、保护层、预留孔道、埋件、接驳器、套筒等逐件进行验收，经验收合格后才准浇混凝土。

混凝土原材料及外加剂应有合格

证、备案证明验证单，并在厂内试验室进行复试。混凝土配合比、坍落度符合规范要求，并做抗压强度试块。

混凝土应振捣密实，不应碰到钢筋骨架、面砖、埋件等，随时观察模具、门窗框、埋件预留孔等，出现变形移位及时采取措施。

6. 蒸压养护

应制定蒸压养护制度。宜采用加热养护温度自动控制装置。

蒸压养护宜在常温静停 2~6h（一般 2h），升、降温速度不超过 20℃/h（一般升温 15℃/h、降温 10℃/h），恒温温度不超过 70℃（一般是 3h，55℃）。夹芯保温外墙板最高温度不宜大于 60℃。预制构件出池的表面温度与环境温度的差值不宜超过 25℃。

7. 模具拆除和修补

当强度大于设计强度的 75%（根据同条件拆模试块抗压强度确定），方可拆模。拆模后对 PC 构件进行验收，对存在的缺陷进行整改和修补，对质量缺陷修补应有专项修补方案。

（五）预制构件堆场要求

1. 构件标识。

2. 预制构件应设置专用堆场，并满足总平面布置要求。预制构件堆场的选址应综合考虑垂直运输设备起吊半径、施工便道布置及卸货车辆停靠位置等因素，便于运输和吊装，避免交叉作业。

3. 堆场应硬化平整、整洁无污染、排水良好。构件堆放区应设置隔离围栏，按品种、规格、吊装顺序分别设置堆垛，其他建筑材料、设备不得混合堆放，防止搬运时相互影响造成伤害。

4. 应根据预制构件的类型选择合适的堆放方式及规定堆放层数，同时构件之间应设置可靠的垫块；若使用货架堆置，

货架应进行力学计算满足承载力要求。

（六）运输控制要点

1. 构件运输应采用运输的平板汽车，构件专用运输架，构件强度达到运输要求，有符合要求的成品保护措施，构件装车前，监理对构件再次验收，符合要求后准许出厂，并在构件上签章（监理验收合格章）。

2. 装配式构件作为一种在厂家进行生产的成品，单件重量比较重，在运输过程中边角部位极易破损，所以在运输前要求厂家对装配式构件板底部采取柔性保护措施，避免在运输过程中装配式构件板出现缺棱掉角。构件到场后应对构件的外观及成型质量进行针对性检查，避免出现开裂渗漏。

（七）监理对构件生产的管理重点

1. 严格审查施工专项方案的审批和专家论证情况，并根据专项方案编制可操作性的监理实施细则，明确监理的关键环节、关键部位及旁站巡视等要求，关键环节和关键部位旁站需留存影像资料。

2. 预制构件生产实施驻场监理时，监理单位要切实履行相关监理职责，实施原材料验收、检测、隐蔽工程验收和检验批验收，编制驻场监理评估报告。

3. 督促生产单位根据审查合格的施工图设计文件进行预制构件的加工图设计，并须经原施工图设计单位审核确认。

4. 督促生产单位加强预制构件生产过程中的质量控制，并根据规范标准加强原材料、混凝土强度、连接件、构件性能等的检验。

5. 要求生产单位应对检查合格的预制构件进行标识，标识不全的构件不得出厂。出厂的构件应提供完整的构件质量证明文件。

（八）构件验收

1. 施工单位应对进入施工现场的每批预制构件全数进行质量验收。

2. 并经监理单位抽检合格后方能使用。

3. 验收内容包括：

1）构件厂应建立产品数据库，对构件产品进行统一编码，建立产品档案，对产品的生产、检验、出厂、储运、物流、验收做全过程跟踪，构件在在产品醒目部位标明生产单位、构件型号、生产日期和质量验收标识。

2）构件上的预埋件、吊点、插筋和预留孔洞的规格、位置和数量是否符合设计要求。

3）构件外观及尺寸偏差是否有影响结构性能和安装、使用功能的严重缺陷等。

4）施工单位和监理单位同时还须复核预制构件产品质量保证文件，包括吊点的隐蔽验收记录、混凝土强度等相关内容。

4. 监理对构件进行验收，符合规范要求后，在构件上签章（监理验收合格章）。

三、预制构件安装监理工作要点

（一）完善体系审核施组

督促施工单位建立健全质量管理体系，完善施工质量控制措施和检验制度。

审核并签署施工单位编制的装配式混凝土结构施工组织设计。专项方案主要包括：构件施工阶段预制构件堆放、道路运输的施工现场总平面布置图、吊装机械选型、外梯安装、配件工具、构件存放等平面布置。预制构件总体安装流程；预制构件安装施工测量；分项工程施工方法；产品保护措施；保证安全、

质量技术措施。

（二）预制构件的进场检验和验收

1. 预制生产单位应提供构件质量证明文件；预制构件应有标识：生产企业名称、工地名称、制作日期、品种、规格、面好、方向等出厂标识。

2. 预制构件的外观质量和尺寸偏差，预埋件、预留孔、吊点、预埋套孔等再次核查，进入现场的构件逐一进行质量检查，检查不合格的构件不得使用。存在缺陷的构件应进行修整处理，修整技术处理方案应经监理确认。

（三）预制构件的现场存放应符合规定

1. 现场运输道路和存放场地应坚实平整，并应有排水措施。

2. 预制构件进场后，应按品种、规格、吊装顺序分别设置堆垛，存放堆垛宜设置在吊装机械工作范围内。堆垛之间设置通道。

3. 预制墙板宜采用堆放架插放或靠放，堆放架应具有足够的承载力和刚度；构件的存放架应有足够的抗倾覆性能。预制墙板外饰面不宜作为支撑面，对构件薄弱部位应采取保护措施。

4. 预制叠合板、柱、梁宜采用叠放方式。预制叠合板叠放层不宜大于6层，底层及层间应设置支垫，支垫应平整且应上下对齐，支垫地基应坚实。构件不得直接放置于地面上。

5. 预制异形构件堆放应根据施工现场实际情况按施工方案执行。

6. 预制构件堆放超过上述层数时，应对支垫、地基承载力进行验算。

（四）预制构件安装

1. 预制构件吊装安装前，应按照装配整体式混凝土结构施工的特点和要求，对塔吊作业人员和施工操作人员进行吊装前的安全技术交底。并进行模拟操作，

确保信号准确，不产生误解。

2. 装配整体式混凝土结构起重吊装特种作业人员，应具有特种作业操作资格证书，严禁无证上岗。

3. 装配整体式混凝土结构安装顺序和连接方式及临时支撑和拉结，应保证施工过程结构构件具有足够的承载力和刚度，并应保证结构整体稳固性。

4. 装配整体式结构应选择具有代表性的单元进行试安装，试安装过程和方法应经监理（建设）单位认可。

5. 预制构件的安装准备。吊装设备的完好性，对力矩限位器、重量限制器、变幅限制器、行走限制器、吊具、吊索等进行检查，应符合相关规定。

6. 预制构件测量定位，每层楼面轴线垂直控制点不宜少于4个，楼层上的控制线应由底层向上传递引测；每个楼层应设置1个高程引测控制点；预制构件安装位置线应由控制线引出，每件预制构件应设置两条安装位置线。预制墙板安装前，应在墙板上的内侧弹出竖向与水平安装线，竖向与水平安装线应与楼层安装位置线相符合。采用饰面砖装饰时，相邻板与板之间的饰面砖缝应对齐。监理对弹线进行复核。

7. 预制构件的吊装

1）预制构件起吊时的吊点合力宜与构件重心重合，可采用可调式横吊梁均衡起吊就位；吊装设备应在安全操作状态下进行吊装。

2）预制构件应按施工方案的要求吊装，起吊时绳索与构件水平面的夹角不宜大于60°，且不应小于45°。

3）预制构件吊装应采用慢起、快升、缓放的操作方式。预制墙板就位宜采用由上而下插入式安装形式。预制构件吊装过程不宜偏斜和摇摆，严禁吊装构件长时间悬挂在空中；预制构件吊装时，构件上应设置缆风绳控制构件转动，保证构件就位平稳。

4）预制构件吊装应及时设置临时固定措施，临时固定措施应按施工方案设置，并在安放稳固后松开吊具。

8. 预制墙板安装过程应设置临时斜撑和底部限位装置，并应符合下列规定：

1）每件预制墙板安装过程的临时斜撑不宜少于2道，临时斜撑宜设置调节装置，支撑点位置距离板底不宜大于板高的2/3，且不应小于板高的1/2。

2）每件预制墙板底部限位装置不少于2个，间距不宜大于4m。

3）临时斜撑和限位装置应在连接部位混凝土或灌浆料强度达到设计要求后拆除；当设计无具体要求时，混凝土或灌浆料应达到设计强度的75%以上方可拆除。

9. 预制混凝土墙板校核与调整应符合下列规定：

1）预制墙板安装平整应以满足外墙板面平整为主。

2）预制墙板拼缝校核与调整应以竖缝为主，横缝为辅。

3）预制墙板阳角位置相邻板的平整度校核与调整，应以阳角垂直度为基准进行调整。

10. 预制阳台板安装应符合下列规定：

1）悬挑阳台板安装前应设置防倾覆支撑架，支撑架在结构楼层混凝土达到设计强度要求时，方可拆除。

2）悬挑阳台板施工荷载不得超过楼板的允许荷载值。

3）预制阳台板预留锚固钢筋应伸入现浇结构内，并应与现浇混凝土结构连成整体。

4）预制阳台与侧板采用灌浆连接方式时阳台预留钢筋应插入孔内后进行灌浆。

5）灌浆预留孔的直径应大于插筋直径的3倍，并不应小于60mm；预留孔壁应保持粗糙或设波纹管齿槽。

11. 预制楼梯安装应符合下列规定：

1）预制楼梯采用预留锚固钢筋方式时，应先放置预制楼梯，再与现浇梁或板浇筑连接成整体。

2）预制楼梯与现浇梁或板之间采用预埋件焊接连接方式时，应先施工现浇梁或板，再搁置预制楼梯进行焊接连接。

3）框架结构预制楼梯吊点可设置在预制楼梯板侧面，剪力墙结构预制楼梯吊点可设置在预制楼梯板面。

4）预制楼梯安装时，上下预制楼梯应保持通直。

12. 装配整体式结构构件连接

装配整体式结构构件连接可采用焊接连接、螺栓连接、套筒灌浆连接和钢筋浆锚搭接连接等方式。采用套筒灌浆的连接方式，应按设计要求检查套筒中连接钢筋的位置和长度。

1）灌浆前应制订套筒灌浆操作的专项质量保证措施，灌浆操作全过程应有质量监控。

2）灌浆料应按配比要求计量灌浆材料和水的用量，经搅拌均匀后测定其流动度满足设计要求后方可灌注。

3）灌浆作业应采取压浆法从下口灌注，当浆料从上口流出时应及时封堵，持压30s后再封堵下口。

4）灌浆作业应及时做好施工质量检查记录，每工作班制作一组试件。

5）灌浆作业时应保证浆料在48h凝结硬化过程中连接部位温度不低于100℃。

13. 密封材料嵌缝应符合下列规定：

1）密封防水部位的基层应牢固，

表面应平整、密实，不得有蜂窝、麻面、起皮和起砂现象。嵌缝密封材料的基层应干净和干燥。

2）嵌缝密封材料与构件组成材料应彼此相容。

3）采用多组分基层处理剂时，应根据有效时间确定使用量。

4）密封材料嵌填后不得碰损和污染。

（五）预制构件安装过程中特别注意的问题

1. 预制混凝土叠合墙板构件安装过程中，不得割除或削弱叠合板内侧设置的叠合筋。

2. 相邻预制墙板安装过程宜设置3道平整度控制装置，平整度控制装置可采用预埋件焊接或螺栓连接方式。

3. 预制墙板采用螺栓连接方式时，构件吊装就位过程应先进行螺栓连接，并应在螺栓可靠连接后卸去吊具。

4. 成品保护

1）装配整体式混凝土结构施工完成后，竖向构件阳角、楼梯踏步口宜采用木条（板）包角保护。

2）预制构件现场装配全过程中，宜对预制构件原有的门窗框、预埋件等产品进行保护，装配整体式混凝土结构质量验收前不得拆除或损坏。

3）预制外墙板饰面砖、石材、涂刷等装饰材料表面可采用贴膜或用其他专业材料保护。

4）预制楼梯饰面砖宜采用现场后贴施工，采用构件制作先贴法时，应采用铺设木板或其他覆盖形式的成品保护措施。

5）预制构件暴露在空气中的预埋铁件应涂抹防锈漆。预制构件的预埋螺栓孔应填塞海绵棒。

四、装配式混凝土结构安装控制重点

（一）装配式构件套筒灌浆连接方式控制要点：

结构在施工至N层时，一般在N-3层时开始对构件进行灌浆，注浆前应对灌浆孔进行浇水湿润。灌浆料必须使用专用灌浆料，专用灌浆料应按配比要求计量灌浆材料和水的用量，经搅拌均匀后测定其流动度满足设计要求，灌浆料的流动度在180~300mm之间，膨胀率应在0%~0.5%之间。灌浆时灌浆压力应达到1.0MPa，并由下方的注浆口注入，当浆料从上口流出时应及时封堵，持压30s后再封堵下口。

灌浆作业时应保证浆料在48h凝结硬化过程中连接部位温度不低于100℃。灌浆作业每班组制作一组试块。

（二）装配式构件防水施工控制要点

密封防水部位的基层应牢固，表面应平整、密实，不得有蜂窝、麻面、起皮和起砂现象。嵌缝密封材料的基层应干净和干燥，嵌缝用无收缩防水嵌缝料或专用高强嵌缝料进行嵌缝；嵌缝密封材料与构件组成材料应彼此相容（现场一般采用耐候胶）。

密封材料嵌填后不得碰损和污染，其他材料必须符合设计防水要求。

外墙板防水：外墙板就位前应将下部现浇混凝土构件上表面进行凿毛、冲洗处理干净。并使接缝面高于下层外墙板上企口30mm。注意内侧钢筋的配筋率应能满足结构抗裂的需要。在水平接缝处外侧粘贴泡沫条，泡沫条内采用微膨胀水泥砂浆坐浆，竖向接缝应采用微膨胀水泥砂浆进行填塞，待填缝砂浆达

到强度后再进行混凝土的浇筑。装配式构件外墙板拼缝应进行防水性能抽检，并做淋水实验。淋水实验宜在屋檐下1.0m宽范围内连续形成水幕进行淋水30分钟。

（三）水电安装工程控制要点

水电安装工程贯穿于整个装配式施工，在驻场监造阶段，要严格控制管线预埋质量。对照图纸进行核对，不得有漏缺，线盒标高要一致，尽量不使用成品弯头（成品弯头多为90°弯，对最后的穿线有较大影响，一旦线管太长，将很难穿线）。在管线预埋完成后，要及时对线管及线盒进行封堵，避免后续施工造成管线堵塞。现场预埋管线必须严格按照图纸进行放样预埋，精度要准确，避免现场预留与构件上管线不一致，造成不必要的返工。构件安装注浆完成后，要及时对点位、线盒、线管等进行复查移交，明确责任划分，确保后续工程有序施工。

五、装配式建筑验收资料要求

（一）预制构件的归档资料

1. 预制混凝土构件加工合同；

2. 预制混凝土构件加工图纸、设计文件、设计洽商、变更或交底文件；

3. 生产方案和质量计划等文件；

4. 原材料质量证明文件、复试试验记录和试验报告；

5. 混凝土试配资料和混凝土配合比通知单；

6. 混凝土开盘鉴定；

7. 混凝土强度报告；

8. 钢筋检验资料、钢筋接头的试验报告；

9. 模具检验资料；

10. 预应力施工记录；

11. 混凝土浇筑记录，混凝土养护记录；

12. 构件检验记录；

13. 构件性能检验报告；

14. 构件出厂合格证；

15. 质量事故分析和处理资料。

（二）预制构件交付的产品质量证明文件有

1. 出厂合格证；

2. 混凝土强度检验报告；

3. 钢筋套筒及其他构件连接类型的工艺检验报告；

4. 合同要求的其他质量证明文件。

（三）装配整体式混凝土结构安装工程验收时需要提交的资料

1. 设计单位预制构件设计图纸、设计变更文件；

2. 装配整体式混凝土结构工程施工所用各种材料、连接件及预制混凝土构件的产品合格证书、进场验收记录和复验报告；

3. 预制构件安装施工验收记录；

4. 套筒灌浆或钢筋浆锚搭接连接的施工检验记录；

5. 连接构造节点的隐蔽工程检查验收文件；

6. 后浇筑节点的混凝土或浆体强度检测报告；

7. 分项工程验收记录；

8. 装配整体式混凝土结构现浇部分

实体检验记录；

9. 工程的重大质量问题的处理方案和验收记录；

10. 预制外墙现场施工的装饰、保温检测报告；

11. 密封材料及接缝防水检测报告；

12. 装配整体式混凝土结构中涉及装饰、保温、防水、防火等性能要求应按设计要求或有关标准规定验收。其他质量保证资料。

（四）装配整体式混凝土结构子分部工程施工质量验收资料

1. 有关分项工程施工质量验收合格；

2. 质量控制资料完整并符合要求；

3. 观感质量验收合格；

4. 结构实体检验满足设计或标准要求。

六、结构安全管理

（一）装配整体式混凝土结构工程施工前，应对施工现场可能发生的危害、灾害和突发事件制定应急预案，并应进行安全技术交底。

（二）构件进场后，应按品种、规格、吊装顺序分别堆放，需堆放在塔吊工作范围内；装配式构件墙板应采用堆放架插放或靠放，堆放架应具有足够的承载力；叠合板、柱、梁可采用叠放方式。叠合板叠堆放不大于6层，预制柱、梁堆放不大于2层。对装配式构件薄弱部位堆放时应采取保护措施，支垫地基应坚实，同时，构件不得直接放置

于地面上。

（三）装配式构件吊装控制要点

1. 装配式构件吊装前，应先进行外防护架的搭设，外防护架搭设采用塔吊配合人工的方法在构件上按照专家评审方案安装外防护架，安装完成后检查其可靠性。

2. 检查构件上安装的吊装件，吊装件必须满足构件承载力要求，并采用高强螺栓加以固定。两点吊装件与单点吊装件不得混用。在构件吊装时应对塔吊作业人员和施工操作人员按照装配整体式混凝土结构施工的特点和要求进行吊装前的安全技术交底。同时需先进行模拟操作，确保信号准确，不产生误解。

3. 在吊装时，吊装区域内设置警戒线，构件吊装时必须设置两个塔吊指挥，一个负责地面，另一个负责施工楼层。吊点数量、位置要经过计算确定。构件起吊时绳索与构件水平面的夹角不宜大于60°，且不应小于45°，吊装应采用慢起、快升、缓放的操作方式。

4. 构件吊装过程不宜偏斜和摇摆，严禁吊装构件长时间悬挂在空中；构件上应设置缆风绳保证构件就位平稳。构件吊装应按顺序尽量依次铺开，不宜间隔吊装。板底支撑不得大于2m，每根支撑之间高差不得大于2mm，标高不得大于3mm，悬挑板外端比内端支撑尽量调高2mm，支撑系统应根据深化设计要求或施工方案规定设置。

城市轨道交通工程盾构施工工法之监理管理工作浅谈

马连增　郭中华

建研凯勃建设工程咨询有限公司

摘　要：随着城市交通压力的不断增大，地下轨道交通已成为出行重要交通工具之一，目前国内诸多大城市把地下轨道交通发展作为缓解交通拥堵的一个重要手段，尤其是北京、上海等国际化大都市的地下轨道交通发展速度惊人，盾构施工作为地下轨道交通施工的主要施工方法，引起社会各界人士广泛关注，同时施工过程中的监理管理工作就显得尤为重要。

关键词：轨道交通　盾构工程　地铁监理

一、绪论

城市轨道交通是世界公认的低能耗、少污染的"绿色交通"，是解决"城市病"的一把金钥匙，对于实现城市的可持续发展具有非常重要的意义。城市轨道交通是客流运送的大动脉，是城市的生命线工程。其具有运量大、速度快、安全、准点、保护环境、节约能源和用地等特点的交通方式。轨道交通工程建成运营后，将直接关系到城市居民的出行、工作、购物和生活等方方面面。

现在，具有节能、快捷和大运量特征的城市轨道交通建设愈趋受到关注。本文旨在通过系统地梳理轨道交通工程（盾构施工）建设过程的监理管理经验，给国内的轨道交通工程建设监理同仁提出借鉴与启示。

二、工程环境特点

本文所述轨道交通之盾构工程，属北京市轨道交通工程昌平线二期建设内容，其北起昌平区十三陵风景保护区内的涧头村十三陵景区地铁站，向东南沿京包高速路北侧敷设，穿越多处厂房民宅建筑、京包高速下匝道、京通铁路、京银路等，南至西关环岛中间风井（盾构接收井），全长1500m。

施工采用左右双线并行，两台盾构设备分别施工掘进。盾构始发段长57.41m，含两座出渣井和一座盾构始发井以及34.6m的暗挖隧道。盾构区间右线全长1501.82m，左线含长链4.521m，全长1506.341m，区间在K2+120及K2+675处分别设置一、二号联络通道，其中二号联络通道兼废水泵房。

隧道使用预制C50，P10钢筋混凝土管片衬砌。管片环外径6000mm，内径5400mm，宽1200mm，厚300mm。

工程地质及水文条件情况：盾构穿越地层主要为圆砾⑤层、细中砂⑤1层、粉质黏土⑥层、粉土⑥2层、圆砾卵石⑦层、中粗砂⑦1层、粉细砂⑦2层、粉质黏土⑦4层、粉质黏土⑧层、黏土⑧1层、黏土⑧2层、卵石⑨层，30m勘察深度范围内，未发现地下水，对盾构施工无影响。

三、工程所用盾构设备情况

（一）盾构机选型情况

根据现场的水文、地质、施工环境和相关风险工程等情况，考虑盾构机刀盘形式和刀具布置与底层的适应性、同步注浆及二次补浆设备与盾构机主体设备和底层的适应性，泡沫、膨润土等土体改良设备的性能，螺旋输送机的地层适应性、推力和刀盘扭矩的地层适应性等，结合施工单位现有设备，本项目选择使用中铁3号、4号两台盾构机。

本段盾构区间穿越砂卵石层，采用复合式盾构机，考虑北京类似地层盾构施工中频繁换刀的问题，为保证盾构的顺利掘进，施工中采取以下措施：

1. 本段区间主要穿越卵石⑦层，在盾构机进场前对区间地质采用人工挖孔的方式进行补勘，以明确地质情况，为盾构机选型提供地质参数；

2. 采用较大开口率的面板型刀盘；

3. 采用高强度、耐磨损刀具；

4. 刀盘外周环和轮辐等磨损较大部

图1　中铁3号盾构机

图2　中铁4号盾构机

位加焊耐磨层；

5. 向泥土舱加注膨润土、泡沫等塑性剂，改善渣土流动性，降低刀具及刀盘磨耗；

6. 先预测磨耗量，确定刀头交换地点（避开沉降控制严格地点），必要时进行刀具更换。更换刀具可以在局部降水、注浆加固地层后进仓处理。

（二）盾构机参数及性能

根据现场地质情况，制定中铁3号、4号盾构机刀盘刀具配置方案，如下：刀盘开口率40%，重约52t；单刃滚刀27把，高度165mm；切刀46把，焊接撕裂刀30把，高度均为145mm；周边保径刀16把，焊接式；仿形刀1把，行程105mm，超挖65mm。刀具配置详见图3。

四、盾构掘进前期监理工作的开展及注意事项

（一）技术方案准备

要求施工单位在施工开始前，及时完成《盾构始发井钻孔桩施工方案》《盾

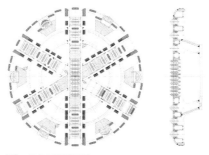

图3　刀盘刀具配置图

图4　刀盘局部照片

构始发端、接收端旋喷加固施工方案》《盾构始发段专项施工方案》《盾构始发段二衬施工方案》《盾构防水方案》《龙门吊安装及拆除方案》《盾构设备吊装专项方案》《盾构始发方案》《盾构掘进安全专项施工方案》《盾构下穿风险源安全专项施工方案及应急预案》《盾构到达专项施工方案》《联络通道施工专项方案》《盾构管片修补方案》《盾构下穿特级风险试验段试验方案》《盾构出洞吊装专项方案》等专项方案的编写和审批工作，方案均需专家论证并审核通过。

（二）对施工单位质量管理体系的检查

由总监办牵头，驻地配合，对施工单位质量管理组织体系建立健全及运转情况，主要职能岗位管理人员任职资格情况，各项质量管理制度健全和落实情况等进行全面检查，留存书面检查记录。

（三）机械设备完好情况检查

对拟使用的盾构设备、龙门吊起重设备等进行完好状况检查，复核下列内容：

1. 要求施工单位对进场施工机械设备进行报验，验收合格后投入使用。

2. 盾构设备进场前由总监理工程师组织专家、施工标段项目总工、盾构副经理、工点设计负责人、盾构咨询组主要负责人、项目管理单位分管领导及业主代表，对盾构设备适应性自评报告进行审查。

3. 本工程采用的土压平衡式盾构机由刀盘、前盾、中盾、尾盾、后配套拖车等组成。盾构机总重约为470t，最大单件总量约为105t，最大吊装下井深度18.1m，盾构机现场组装的专业性要求高且危险性较大，为确保组装工作的顺利完成，要求并监督施工单位严格按照已审批合格的吊装方案进行盾构设备的吊装组装。

（四）施工物资材料质量检查控制

1. 严把材料进场关，审查相关质量证明资料及检测报告，对材料进行见证取样检测。

2. 由于盾构施工的特殊性，盾构管片在场外（专业厂家）加工，总监办派遣专职驻站监理人员进行现场监理管理，同时驻地现场监理工程师对管片生产厂家不定期进行检查、指导。

（五）施工前条件验收

1. 本区间按照工程自身风险和周边环境风险的危险程度，盾构始发到达、盾构开仓、盾构穿越京通铁路进行 A 类条件验收、联络通道开口施工进行 B 类条件验收。

2. 施工单位应根据本工程特点制定《重要部位和环节施工前条件验收工作方案》，明确需进行条件验收的重要部位和环节，并确定验收条件、内容和要点，经总监理工程师批准后实施，并报建设、设计、第三方监测等单位。

3. 验收组应按照《重要部位和环节

图5 盾构机刀盘运抵现场

图6 盾构机吊装

施工前条件验收工作方案》所确定的项目内容逐项进行验收，并形成书面验收结论。

五、盾构掘进期间的监理工作开展及注意事项

（一）盾构始发与试掘进实施过程中的监理管理

盾构隧道左、右线各采用一台土压平衡盾构机，从十三陵景区站站后盾构井始发，前100m为盾构始发段，盾构始发与试掘进实施过程中，总监办及驻地监理人员重点控制如下工作：

1. 盾构始发及到达端头土体加固

盾构工程的出洞始发与进洞到达施工，在盾构隧道施工中处于非常重要的位置。需要考虑地层条件、水文条件、隧道埋深及周边环境等因素对盾构进出洞端头进行相应处理。

1）加固方法

根据各端头地层情况，盾构进出洞洞口地基必须预先加固，采用旋喷桩对地层进行加固。旋喷桩采用 Φ600@800 二重管旋喷。

2）加固范围及要求

本合同段盾构始发、到达端头地层加固范围为隧道衬砌轮廓线外左右两侧3.0m，顶板以上为3.0m至底板以下3.0m，加固区的长度始发为6m，接收为8m。

（1）加固后地层具有良好的均匀性和整体性。

（2）在凿除洞门后能够自稳，具有满足要求的渗透性（无侧限抗压强度达到1.0～1.2MPa，渗透系数≤1.0×10~8cm/s）。

2. 盾构始发

1）盾构始发总体方案

现场监理人员督促施工单位，按照

已审批合格的施工方案组织施工。盾构始发采取盾构机与拖车整体始发的方式。完成主机和后配套拖车连接后，进行始发。为便于出碴和管片的吊装，负环管片后五环均只拼装底部。盾构始发后以反力架、负环钢管片和钢环组成，提供盾构机掘进足够的反力。始发阶段列车采用 1+1+1 的编组方式（即 1 台牵引车，1 台管片车，1 台碴车），待拖车全部进隧道后进行正常的编组。盾构始发方案示意图见图7。

2）盾构始发流程图

盾构始发应按照图 9 流程图所示进行。

3）洞门凿除

工程的洞门需要在始发或到达前，将洞门端头围护结构进行凿除。为避免洞门凿除对始发井产生扰动，现场监理人员要求施工单位对围护结构钢筋混凝土的凿除分三步进行（如图10所示）：

第一步：从上至下分 5 个层次凿除外部混凝土和钢筋，预留内层钢筋，以做到在始发或到达之前对端头地层的保护。

第二步：待盾构机始发时抵拢掌子面和到达时盾构机抵拢围护结构时，割除围护结构内层钢筋，再开始掘进。

第三步：在盾构始发准备阶段，根据开挖后洞门所暴露的围岩条件和时间长短，必要时可对洞门端头采用喷混凝土进行加固。特别注意要确保处理后的洞门开挖面平整无较大的坑洞并与盾构刀盘平面平行。若开挖面有超过 1.0m³ 的坑洞应用低标号的砂浆进行回填。并确保施工后无锚杆、钢筋等侵入隧道开挖轮廓。

4）始发设施的安装

（1）始发台安装

在洞门凿除完成之后，依据隧道设

图7 盾构机始发方案示

图8 盾构机始发台反力架和负环管片

图9 始发流程框图

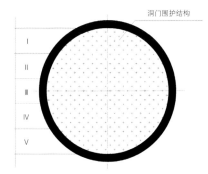

图10 洞门凿除示意图

计轴线定出盾构始发姿态空间位置，然后反推出始发台的空间位置。盾构始发之前，督促施工单位必须对始发台两侧进行必要的加固。始发台的安装高程根据端头地质情况进行适当抬高。

（2）接长导向轨道的安装

在始发基座安装后，由于始发基座的基准导轨前端与前方土体之间有约1.5m的距离（即盾构工作井端墙厚度和为方便洞门临时密封装置安装而留的空隙），为保证盾构安全及准确始发，在洞圈内与始发基座导向轨道相应位置安装两根接长导向轨道，安装倾角位置与基准导向轨道一致，并采用膨胀螺栓牢固导轨。

（3）反力架与负环钢环安装

在盾构主机与后配套连接之前，开始进行反力架的安装。反力架端面应与始发台水平轴垂直，以便盾构轴线与隧道设计轴线保持平行。反力架与盾构始发井连接部位的间隙要垫实，保证反力架脚板安全稳定。

（4）洞门密封

洞口密封原理如图4-5所示。预埋件必须与端墙结构钢筋连接在一起。

（5）始发掘进现场监理人员检查要点

①在盾尾壳体内安装管片支撑垫块，为管片在盾尾内的定位做好准备。负环管片安装见图12。

②安装前，在盾尾内侧标出第一环管片的位置和封顶块的位置，然后从下至上安装第一环管片，安装时要注意使管片的位置与标出位置相对应转动角度符合设计，换算位置误差不能超过10mm。

③安装拱部的管片时，由于管片支撑不足，要及时加固。

④负环管片拼装完成后，用推进油缸把管片推出盾尾，并施加一定的推力把管片压紧在反力架上，即可开始下一环管片的安装。

⑤管片在被推出盾尾时，要及时进行支撑加固，防止管片下沉或失圆。同时也要考虑到盾构推进时可能产生的偏心力，因此支撑应尽可能的稳固。

⑥当刀盘抵拢掌子面时，推进油缸已经可以产生足够的推力稳定管片后，再把管片定位块取掉。

⑦在始发阶段要注意推力、扭矩的控制，同时也要注意各部位油脂的有效

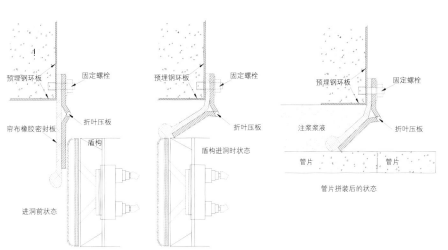

图11 密封原理

47

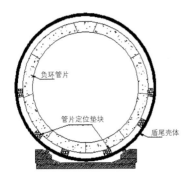

图12 负环管片安装图

使用。掘进总推力应控制在反力架承受能力以下，同时确保在此推力下刀具切入地层所产生的扭矩小于始发台提供的反扭矩。

3.盾构试掘进

本合同段将左右线盾构每次始发后的100m作为试掘进段。试掘进期间，督促施工单位做好如下工作：

1）加强盾构及设备能力检验并掌握盾构操作控制方法。

2）摸索在本合同段该类地层中各项盾构掘进施工参数的选择方法。

3）熟练掌握管片拼装工艺、防水施工工艺、环形间隙注浆工艺。

4）对地表隆陷、地中位移、管片受力、建（构）筑物位移等进行监控量测，依此具体分析在该类地层中，采用一定的掘进施工参数时的相关影响，并对掘进参数进行优化，为全合同段安全顺利施工提供技术依据。

（二）盾构掘进

1.盾构施工过程中，土仓压力须严格按照组段划分报告中的设定的范围来控制（详见表1），现场监理人员进行实时监控（盾构实时监控系统平台与现场监理人员抽查盾构机现场显示土压力），土仓压力出现异常时，及时分析原因，督促施工单位制定处理措施；如超过一定时限不能及时解决的，及时在北京轨道交通工程施工安全风险监控系统进行预警，并根据预警等级召开风险分析专题会议。

2.盾构施工过程中，须严格控制每一环出土量（为加强碴土改良与出碴量控制，每环泡沫剂用量25～30L，膨润土用量4.5～5.5m³，出碴量控制在46.5～48m³），现场监理人员对出土量定期进行抽查，每天不少于1环，当1环出土量超出理论计算值3m³及以上时，应下发工程暂停令；现场监理人员对同步注浆量、二次补浆进行严格监督管理，连续5环同步注浆量低于控制值时，应查明原因并督促施工单位立即整改。

3.在实际施工中，由于地质突变原因盾构机推进方向可能会偏离设计轴线并超过管理警戒值；在稳定地层中掘进，因地层提供的滚动阻力小，可能会产生盾体滚动偏差；在线路变坡段或急弯段掘进，有可能产生较大的偏差。因此应及时调整盾构机姿态，纠正偏差显得尤为重要：

1）姿态调整：根据现场实际情况，盾构机操作人员操作推进油缸来调整盾构机姿态，纠正偏差，将盾构机的方向控制调整到符合要求的范围内。

2）滚动纠偏：当滚动超限时，盾构机会自动报警，此时应采用盾构刀盘反转的方法纠正滚动偏差。允许滚动偏差≤5°，当超过5°时，盾构机报警，提示操纵者必须切换刀盘旋转方向，进行反转纠偏。

3）竖直方向纠偏：控制盾构机方

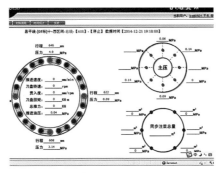

图13 盾构实时监控

图14 现场土压力等数据显示屏

盾构隧道掘进参数控制表 　　　　　　　　表1

序号	起止里程	起止环数	安全风险组段	总推力（t）	扭矩（kN·m）	刀盘转速（rpm）	土压（bar）	推进速度（mm/min）
1	K1+719.5~1+885	0~138	EⅢ	≥1200	≥3200	1.0	0.5~0.8	≥50
2	K1+885~2+140	138~350	EⅡ	≥1400	≥3500	1.2	0.5~1.1	≥50
3	K2+140~2+240	350~434	CⅡ	≥1500	≥3300	1.2	0.6~1.1	≥60
4	K2+240~2+280	434~468	CⅡ	≥1400	≥3300	1.2	0.5~0.9	≥60
5	K2+280~2+410	468~575	CⅡ	≥1500	≥3300	1.2	0.6~1.5	≥60
6	K2+410~2+480	575~634	CⅡ	≥1500	≥3300	1.2	0.6~1.5	≥50
7	K2+480~2+600	634~734	DⅡ	≥1800	≥3600	1.2	0.7~1.5	≥80
8	K2+600~2+750	734~859	DⅡ	≥1800	≥3600	1.2	0.7~1.5	≥80
9	K2+750~2+800	859~901	EⅠ	≥1500	≥3200	1.2	0.7~1.5	≥40
10	K2+800~3+221	901~1252	EⅡ	≥1600	≥3500	1.2	0.5~1.0	≥50

向的主要因素是千斤顶的单侧推力，当盾构机出现下俯时，加大下侧千斤顶的推力，当盾构机出现上仰时，加大上侧千斤顶的推力来进行纠偏。

4）水平方向纠偏：与竖直方向纠偏的原理一样，左偏时加大左侧千斤顶的推进压力，右偏时则加大右侧千斤顶的推进压力。

4. 管片拼装

盾构隧道管片采用错缝拼装，全环由6块组成，即3块标准块（A块），2块邻接块（B块）和1块封顶块（K块）；管片外径6000mm，内径5400mm，厚300mm，环宽1.2m。为拟合曲线，需要设置左右转弯楔形环管片，楔形量为48mm，楔形角为$\beta=0.46°$；管片间采用弯螺栓连接，在管片环面外侧设有弹性密封垫槽，内侧设嵌缝槽。环缝和纵缝均采用M24的环向螺栓连接，共28根；管片强度等级为C50，抗渗等级P10；盾构隧道的防水等级为二级标准，以管片混凝土自身防水，管片接缝防水，隧道与其他结构接头防水为重点，盾构隧道管片采用遇水膨胀止水条并结合管片背后注浆的方式对隧道进行防水。

1）质量要求

根据招标文件及相关技术规范，管片的拼装精度见表2管片拼装精度要求，管片表面不得出现裂缝、破损、掉角等现象。

2）拼装顺序

本合同段管片采用错缝拼装方式，拼装时先拼装拱底块，然后按左右对称顺序逐块拼装标准块和邻接块，最后拼装封顶块。

5. 螺栓连接

根据管片的连接方式选择相应的连接螺栓，避免用错；为防止管片拼装时产生"踏步"，紧固螺栓前，必须认真的进行对位检查；管片连接螺栓必须拧紧，螺栓紧固采取多次紧固的方式。管片拼装过程中安装一块初紧一块螺栓，拼装结束后应及时对环纵向螺栓进行二次紧固，盾构掘进下一环时，借助推进油缸推力的作用，再一次紧固所有的螺栓尤其是纵向螺栓。隧道贯通后，必须对所有环纵向螺栓进行复紧。

6. 环面超前量的控制

定期检查管片环面超前量，当超前值过大时应用软性楔块给予纠正，保证管片整环环面与隧道轴线的垂直度。

7. 掘进过程中的刀具管理和换刀方案

根据本合同段工程的实际地质水文情况，盾构机的破岩机具主要采用齿刀和滚刀，考虑到地质状况的不确定性，在刀盘结构形式、刀具类型及布置方式设计上，齿刀和滚刀可以进行互换，以适用不同的地质状况。本段计划盾构每掘进320m进行盾构开仓刀具检查工作，

并分析刀具磨损规律，通过掘进参数的优化，减少刀具磨损，保证盾构机的连续掘进，必要时进行刀具更换。在工程实际实施过程中，刀盘换刀只进行了一次，即在穿越京通铁路（特级风险源）前的试验段，对刀盘的刀具进行检查和更换。

8. 针对盾构区间风险点，督促施工单位：

掘进速度控制在40~50mm/min，注浆量不得少于6m³。

适当加大泡沫，泡沫流量占开挖体积的35%~40%。

无特别原因，停机时间不许超过2小时，防止泡沫降解，造成土仓欠压。

通过监测分析，及时通知盾构机操作人员调整掘进参数，确保穿卵石层的保障。

1）下穿京通铁路（特级风险源）

盾构区间采用两台土压平衡盾构机施工（分别为中铁3号和中铁4号盾构机），到达铁路前设100m试验段掘进，对相似地层条件下盾构施工参数进行获取，为下穿京通铁路的施工提供最优参数；在穿越铁路前，开仓对刀盘刀具进行全面检查维修，更换磨损严重的刀具。对盾构机推进系统、泡沫系统、运输设备等进行全面检修，确保盾构机以最佳状况穿越铁路。

盾构下穿京通铁路施工，严格控制盾构掘进速度和盾构机姿态，以盾构机

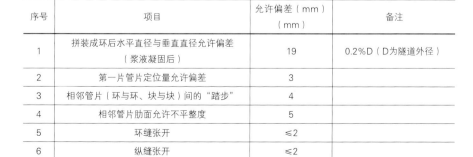

管片拼装精度要求　　　　　　　　　表2

序号	项目	允许偏差（mm） （mm）	备注
1	拼装成环后水平直径与垂直直径允许偏差 （浆液凝固后）	19	0.2%D（D为隧道外径）
2	第一片管片定位量允许偏差	3	
3	相邻管片（环与环、块与块）间的"踏步"	4	
4	相邻管片肋面允许不平整度	5	
5	环缝张开	≤2	
6	纵缝张开	≤2	

图15　更换的刀具

持续平稳推进为原则，总监办主管领导24小时值班，施工单位主管领导组织安排生产，保证监控量测频率，保证铁路运营和区间隧道安全。

2）盾构机过高速路段时

当土仓欠压，扰动上面卵石层时，易引起土体塌方，导致地面沉降，引起高速路不均匀沉降和开裂，从而引起地面大面积沉陷，造成安全事故。重点要求施工单位通过计算和以前的施工经验相结合，确定合适的土压；在进入此段地层之前检修好盾构机，准备快速通过不利地层，在掘进施工过程中加大泡沫使用量和注浆量，必要时采用双液浆，把地面和房屋沉降控制在 −20mm~ +10mm。

3）盾构机通过砂层时，在此地层中换刀较危险

在含水丰富的粉细砂中掘进，如何建立好土压，控制好盾构掘进速度，避免粉细砂发生液化是盾构机掘进的控制重点。若土压建立不好，盾构机操作不当，掘进缓慢，对周围地层震动较大，容易引起地面沉陷。尤其粉细砂层自稳较差，虽然粉细砂中磨刀较严重，但应避免在此段换刀。监理在此段掘进期间，督促提醒施工单位，掘进须快速，建压要合理，同时加大泡沫使用量，减慢刀盘转速，控制刀具的磨损速度，务求盾构机平稳通过粉细砂层。

4）盾构机通过硬岩，保护刀盘和刀具

盾构机通过硬岩磨刀严重，在此段保护好刀具。监理措施：采用敞开模式掘进，提高刀盘转速，控制掘进速度（10mm/min），合理的使用渣土改良系统。

（三）盾构机到达端头时，监理控制要点

1. 端头加固效果检查

破除洞门前，垂直钻孔取芯检测加固体强度是否达到要求；盾构到达前，在加固区钻水平孔，以检查加固土体的止水效果。在盾构隧道上、下、左、右部和中心处各布一个水平孔，其渗水量总计不得大于 10L/min。检查孔使用后，采用低强度水泥砂浆封孔。

2. 盾构到达

盾构到达是指盾构沿设计线路，自区间隧道贯通前100m掘进至区间隧道贯通后，从预先施工完毕的洞口处进入中间风井内的整个施工过程，以盾构主机推出洞门爬上接收小车为止。盾构到达区间风井监理主要检查内容包括：

1）核查到达端头地层是否按照设计要求进行加固完成；

2）督促施工单位于盾构贯通前100m、50m对盾构机姿态及导向系统进行人工复核测量；

3）要求施工单位对到达端洞门钢环轮廓复核测量；

4）根据2）、3）项复测结果进及时行盾构姿态调整；

5）核查风井内接收台安装、三角支撑架安装情况；

6）核查近洞口10环管片是否拉紧；

7）现场渣土清理情况；

8）导轨安装；

9）洞门防水装置安装；

10）洞门注浆堵水处理情况。

六、盾构工程监理质量控制工作中出现的问题及处理

（一）盾构管片拼装产生错台的问题

按《盾构隧道工程施工质量验收标准》QGD-008-2005规定要求，管片拼装错台允许偏差为5mm，而在本段盾构掘进管片安装施工初期，出现过多处错台超过5mm的现象，监理发现问题后，及时对盾构管片拼装现场进行观察观测、检查、分析、总结，认为造成管片安装错台主要原因归纳为5个方面：

一是在直线线段，使用转弯环代替标准环管片，管片扭曲受力不均，造成管片错台。二是管片安装时，在盾尾残留的渣土未清理干净，致使管片难以就位，造成管片错台严重，甚至连接螺栓都难以插入。三是由于采用人工操作机械安装，未按规范程序调整好管片内环面平整度，而引起错台；或者在管片安装后，管片螺栓未按照要求复紧而造成错台。四是注浆压力过大引起的错台。五是盾构机姿态控制不当，或者由于其他原因姿态不利控制时，引起盾构机姿态大幅度调整，当管片脱离盾壳时，受到盾构机壳体的挤压力而造成管片错台，甚至会影响多环。

针对以上情况，监理制定有效的针对性措施，督促施工单位做到如下要求：

1. 根据设计线路确定所用管片。合理配置各种类型的管片，标准管片的比例必须达到实际施工的需求。

2. 在施工过程中，及时对渣土进行清理，尤其是盾尾部位。

3. 安装管片时，管片拼装人员须严格执行操作规程，杜绝管片类型混用现象发生，要求施工单位现场技术人员必须做好技术交底和现场质量管理控制工作。

4. 严格注浆管理，根据不同地层，调整不同的注浆方式，控制注浆压力。

5. 严格控制盾构机姿态，不允许对盾构机姿态进行过激调整。

通过以上监理采取的措施和手段，使得后期管片安装质量有明显改观，未出现严重错台现象。

（二）盾构管片拼装渗漏的预防控制要点

盾构管片拼装后，出现渗漏水现象，是盾构施工需解决的"老大难"问题。

在本标段盾构管片施工中，渗漏水情况也发生10余处，经汇总归纳分析渗漏问题，主要由以下6方面原因造成：一是管片自身质量缺陷。在管片生产过程中，设置密封垫的沟槽部位混凝土不密实，有水泡、气泡等缺陷，管片拼装完成后，水绕过密封垫，从水泡、气泡孔处渗漏进来。二是管片止水条脱落。在拼装过程中，管片发生了碰撞，使止水条脱落或断裂，使密封垫没有形成完整闭合的防水圈。三是管片衬背注浆不饱满。如管片密封条贴合存在不密实现象，若管片顶部发生积水，可致使密封垫压实比较薄弱的地方产生渗漏。四是盾构机的姿态不佳。如姿态不佳，将影响管片的拼装质量，造成管片间错位，相邻管片间止水带不能正常吻合压紧，从而引起渗漏水。五是盾构机掘进过程中推力不均匀，造成管片受力不均匀，而致管片产生裂纹、贯穿性断裂等，进而造成渗漏水情况。六是管片拼装施工质量控制不严格，如管片存在泥土等杂物未清理导致拼装出现空隙形成漏水；管片螺栓紧固不到位，造成管片防水没有压实造成渗水，或管片螺栓紧固过早，导致管片整体未压实等。

针对以上情况，监理采取如下管理措施和手段：

1. 针对管片存在的水泡、气泡等缺陷问题，加强管片生产厂家的生产控制、出场验收和管片成品进场验收。管片生

产过程中驻场监理人员质量把关，把缺陷控制在源头；出厂时对管片再次验收，及时对存在的不可避免的缺陷进行修复，同时注意吊装过程中对管片的损伤。进场管片严格把关。

2. 管片拼装前检查对拼装工人技术交底情况，要求施工单位过程中加强对管片的精细操作避免管片碰撞，管片在转运过程中必须垫方木，避免管片在下方时碰角，一旦发现止水条断裂或脱落及时更换，保证拼装管片的质量符合防水的要求。

3. 加强同步注浆控制，同步注浆采用压力和注浆量双控指标，应采用尽量大的压力保证最大的注浆量，填充密实尾隙，从而保证防水第一道防线的质量。

4. 盾构机姿态控制措施

现场监理人员通过盾构实时监控系统，随时掌握正在掘进中盾构机的位置和姿态，并通过计算将盾构机的实际位置和姿态与设计轴线进行比较，偏差数值超出预警值时，及时督促施工单位调整盾构机千斤顶的模式，使盾构机前进曲线和设计轴线尽可能接近。

5. 盾构掘进参数是盾构机线路控制的关键，其中尤其要加强掘进过程中推力控制，因为掘进过程中盾构机的推进是靠千斤顶的推力实现的，方向控制也主要由推进千斤顶的编组压力差来实现，掘进过程中严禁急纠甚至"蛇形纠偏"，避免压力差过大造成管片受力不均匀而产生裂纹、贯穿性断裂等而渗漏水。

6. 规范化管片拼装，严格控制管片拼装质量

1）拼装前首先应对盾尾杂物进行清理。

2）利用盾构机的升降千斤顶把管片吊入，再利用滑动千斤顶进行轴向移动，

伸出支护千斤顶进行管片位置的矫正。

3）管片拼装应遵循由下至上、左右交叉、最后封顶的顺序，应尽量调校管片位置与上环管片平顺，螺栓孔位置对正，螺栓穿插容易。

4）封顶块安装前应对止水条进行润滑处理，安装时先径向插入，调整位置后缓慢纵向顶推。

5）及时进行管片三次复紧，管片安装完后，推进30～50cm后进行螺栓初次紧固，每推进3环之后对管片进行再次紧固，在管片环脱出盾尾后对管片连接螺栓进行3次紧固。

6）管片安装质量应以满足设计要求的隧道轴线偏差和有关规范要求的椭圆度及环、纵缝错台标准进行控制。

7）在管片拼装过程中，现场监理人员抽查现场管片拼装的垂直度、整圆度、拧紧螺栓的扭矩，防止接缝张开漏水。

七、轨道交通昌平线二期工程盾构施工监理管理工作的经验和教训

（一）"土仓压力偏低或零"问题的分析处理

盾构机在掘进期间的土仓压力必须严格按照组段划分报告中设定的范围来控制，避免引起地层下沉和隆起。

昌平线二期十昌盾构区间地层为砂卵地层，前期掘进过程中因加入土壤改良材料偏少，致使塑性流动性不能满足要求，出现土仓压力偏小甚至是零的现象，且延续10余天，致使预警平台的预警级别一再升高，最后升至红色预警。对此，监理组织施工单位、第三方监测单位、盾构咨询组等相关人员召开红色预警响应会议，会上科学地分析问题产

生的原因，制定解决消除的措施，要求施工单位添加土壤改良材料。会后施工单位按照会议要求，添加土壤改良材料后，土仓压力偏小问题得以明显改善，问题消除。

（二）"推进轴线严重偏移"问题分析处理

隧道的线性控制的主要任务是通过控制盾构姿态，使构建的衬砌结构几何中心线性顺滑，且位于偏离设计中线的允许误差范围内。

盾构掘进期间，因施工单位计算掘进数据参数不精确，以及现场专业测量监测监理人员专业能力欠缺、责任心不强，未及时对施工单位测量数据进行复核、校对。造成盾构右线隧道平面偏移 10cm，高程下移 20cm 的严重偏移问题。又因监理测量监测人员专业能力的不足，施工单位隐瞒不报等原因，致使盾构停止掘进 1 周之后，总监办方知晓真正问题所在。随后，总监办及时采取措施，组织参建各方召开专题研讨会议，经与设计单位沟通，对盾构右线进行了局部线路调整，问题方得以妥善解决。

事后，总监办责成专业测量人员，对施工单位导站测量数据每天（或 15环）进行导向控制点复核；盾构施工每推进 80 环时，施工单位对成形管片轴线进行测量，专业监理人员对测量结果进行复查；盾构施工中至多每推进 200

环（直线段隧道）或 150 环（曲线段隧道），控制测量单位对盾构隧道内的导向控制点进行复核测量，测量专业监理人员对测量结果进行复核；专业监理人员对施工单位和控制测量单位的测量结果及时进行对比分析。

在今后类似工程项目的监理人员选择上，须提高对测量监测专业人员的专业能力和执业操守方面的选择标准。

（三）"地面局部下沉导致房屋开裂"问题的分析处理

在掘进过程中用浆液填充隧道衬砌环与地层之间空隙的施工称为壁后注浆，根据注浆量及每衬砌环的出土量情况，间接反映出该衬砌环部位地质情况，发现异常及时应对。

在昌平线二期十昌盾构区间掘进过程中的（K1+888.085）处，因同步注浆量不足，现场监理人员对注浆量抽查力度不够，造成地层沉降量过大，地面建筑房屋（一层民宅，砖砌）局部下沉开裂。监理要求施工单位及时对该部位进行地下二次注浆，地表深层注浆，房屋局部下沉得到有效控制。

事后，总监办要求现场监理人员加强对出土量定期抽查，每天不少于 1环；对同步注浆、二次补浆浆液、注浆压力进行有效控制，每 20 环对同步注浆液取样检查不少于 1 次，如连续 5 环同步注浆低于控制值，必须查明原因，并督促立即整改。

结语

运用以上方法，本文所述盾构区间工程，经过各参建单位 7 个月的艰苦努力，工程施工质量验收合格，观感质量较好，安全和使用功能达到设计和验收规范要求，整体施工过程中未发生重大安全、质量事故。当然整体盾构区间施工过程，是一个多单位协同合作的施工过程，欲圆满完成盾构工程施工任务，仍需要参建各方的共同努力，监理管控工作在其中占据较为重要的位置，也是圆满完成盾构工程的一项重要保障工作。

由此可见盾构施工过程中开展科学、合理的监理管控工作，对工程顺利完成并投入使用起到至关重要作用。本文希望能从事盾构工程的监理行业同仁和盾构工程管理人员，起到一定的提示和辅助作用，笔者将倍感欣慰。

图16 盾构机顺利贯通，抵达接收井

浅析山地光伏发电项目监理控制要点

王德成

大连大保建设管理有限公司

摘　要：通过对朝阳王杖子20MW山地光伏发电项目以及遵化铁厂镇20MW山地光伏发电项目的监理工作，论述监理工程师对山地光伏发电项目的监理控制要点。

关键词：太阳能　山地光伏发电　监理工作　控制要点　监理工程师

在本项目监理工作实施过程中，笔者通过查找相关资料，看设计图纸对照实际施工过程，将厂家技术资料与实际设备安装调试过程进行对比，掌握光伏电站发电原理及关键技术，通过这个项目作为学习的平台，在监理工作中发现问题解决问题，不断学习和总结经验，反思自身的不足来提高监理业务水平，以便在后续的光伏电站项目建设过程中能更好地完成工作并对项目进行优化。下面笔者结合工程实际情况谈一下在光伏并网发电项目中监理工作控制要点。

一、太阳能发电原理

太阳能发电项目是根据光生伏特效应原理，利用太阳电池将太阳光能直接转化为电能。不论是单独使用还是并网发电，光伏发电系统主要由太阳电池板（组件）、控制器和逆变器3大部分组成，它们主要由电子元器件组成，不涉及机械部件。工程设计主要包括光伏厂区总平面布置图、综合楼施工图、SVG室施工图、电气系统设计图、防雷接地设计图、消防设计图、监控设计图以及电缆沟和消弧线圈设计图等。

二、山地光伏发电项目的组成

电站工程是一个复杂、庞大的系统工程。从宏观上看，变电站工程由建筑工程和电气安装工程两部分组成。

（一）建筑工程

建筑工程主要包括主控楼、附属生产和生活建筑物、电气设备构支架、道路、电缆沟、围墙等，涉及建筑、结构、水工、暖通、消防、照明等专业。

（二）电气安装工程

电气安装工程主要包括高低压电气设备安装、控制保护系统设备安装、电缆敷设、通信远动和自动化等设备安装及其调试，需具备电气一次、电气二次、继电保护、远动、通信、自动化、测量、计量等专业人员。

由于电站工程投资大、技术难度高、质量要求严、设备种类多、配合专业也多，所以容易出现质量控制的盲区，尤其在各个专业的接合部易因各相关专业的疏忽、责任不清或者配合不到位的原因出现质量问题。因此，电站工程建设要求参建单位组建强有力的组织机构，各方面通力协作，建立健全质量保证体系和质量管理制度，并使其保持正常、良好的运转，最终使施工质量控制贯穿于项目建设的全过程和全方位，做到项目建设事前有控制，防患于未然；事中有检查，及时纠正偏差；工程竣工有验收，能圆满地实现工程项目建设质量的总目标。

三、电站施工阶段质量控制要点

在电站工程的施工阶段，由于影响施工质量因素很多，且这些因素随施工组织、施工环境、施工内容、施工方法等变化而变化。所以，仅有施工质量管理内容并不够，还必须对施工过程中的人、材料、机械、方法、环境5要素进行全面质量控制，突出重点，以点带面，以点促面。具体施工质量控制要点如下。

（一）施工前期监理工作

1. 前期资料的编制

编制监理规划、专业监理实施细则、强条执行计划、旁站监理方案、安全实施细则及应急救援预案，见证取样计划等。

2. 开工资料的审查

监理对施工单位开工条件审查的重点：施工单位开工前进行的施工准备工作是否到位，对施工质量控制有极大影响，这能反映出施工单位的管理水平和施工能力。

开工条件的审查是保证工程建设顺利进行的第一关，因此，监理单位审查的重点是：

1）施工单位现场管理组织机构及其职责，人员到位情况，质量保证体系和安全保证体系的建立和运转，各项管理制度的建立和落实情况，施工质量保证手册，设备材料的质量保证资料，劳动力计划，资质证书与特殊工种上岗证，分包商资质文件等有关资料。

2）监理工程师依照监理规划、监理细则，认真审核施工组织设计、系统调试方案，重点审核其选用的规范、技术标准是否满足设计要求。有些施工单位对施工组织设计编制不够重视，将其他工程的组织设计照搬照抄，对此专业监理工程师要认真审核。对关键控制点，要求施工单位编写专项方案，要审查施工进度计划是否满足总进度计划要求。

3）施工机具、原材料、设备是否已运抵施工现场，是否满足施工要求，并重点审查原材料及设备的合格证和检验报告。

4）施工人员驻地生活、通信、交通设施、开工资金到位情况及其他后勤保障是否满足施工要求。

5）施工许可手续是否已办理。

6）施工现场是否具备开工条件，是否经过验收。

3. 确定相关验收规范

由于我国光伏发电工程的相关规范不配套，建设单位的档案管理制度不健全、不完善，因此，监理单位有义务根据建设单位档案管理要求，结合当地电力质量监督管理部门对工程资料的具体规定给建设单位提出相关建议，并协助制定相关的档案管理规定。工程施工验收所用的规范建议采用电力行业的相关规范，比如，土建工程施工质量验收及评定采用《电力建设施工质量验收及评价规程第1部分：土建工程》DL/T 5210.1-2012；电力工程施工质量验收及评定采用《电气装置安装工程质量检验及评定规程第1部分：通则》DL/T 5161.1-2002；光伏区工程施工质量验收及评定采用《光伏发电工程验收规范》GB/T 50796-2012；监理规范采用《电力建设工程监理规范》DL/T 5434-2009。以上验收规范基本能覆盖光伏发电工程的全部范围。

4. 确定相关表样

确定相关表样土建工程施工质量验收及评定表采用《电力土建工程质量验收标准》的配套表样；电力工程施工质量验收及评定表采用《电气装置安装工程质量检验及评定规程第1部分：通则》DL/T 5161.1-2002的配套表样；对于光伏区支架、组件安装工程，由于《光伏发电工程验收规范》GB/T 50796-2012没有配套表格，可组织施工单位结合《光伏发电工程施工规范》《光伏发电工程验收规范》制定相应的施工质量验收及评定表专用表格；监理用表可根据《电力建设工程监理规范》的配套表格来制定，但该规范中施工单位用表（B表）内容不齐，可根据工程实际，结合《建设工程监理规范》GB/T 50319-2013配套的施工单位用表，组织施工单位制定相应的表格。

5. 确定工程质量验收及评定范围

1）单位工程、分部工程的划分光伏区根据《光伏发电工程验收规范》，分别将土建工程和安装工程划分为单位工程。管理区、升压区分别按建筑工程、电气工程划分单位工程。如果单位工程太大，可将能独立形成施工条件的工程划分为子单位工程。单位工程确定后，可根据专业性质、工程部位再划分分部工程。

2）划分检验批在单位工程、分部工程确定后，再划分分项、检验批，划分标准必须由专业监理工程师和施工单位根据现场实际情况确定，且以验收能覆盖全现场为原则。

3）确定验评范围《电力土建工程质量验收标准》和《电气装置安装工程质量检验及评定规程》分别有配套的验评范围模板，可根据工程具体情况删减。

6. 设计交底与图纸会审

施工图会审是工程开工前为确保工程质量、发现与消除设计缺陷、体现事前控制的重要一环。由建设单位（或委托监理）组织进行，监理、设计、施工、物资供应等参建各方和各相关专业技术人员，在充分熟悉施工图的基础上，共同对施工图进行审查，并形成书面的施工图会审纪要。通过会审了解设计意图，纠正设计失误，为确保工程质量、安全、进度、投资和总体质量目标的实现打下基础。

施工图会审重点在于：

1）设计图纸的完整性、正确性、明确性、合理性，是否有矛盾和问题，是否符合国家现行标准和技术规范的有关规定及强制性标准条文等要求。

2）设计选型、选材和结构的合理性与经济性，是否利于确保施工质量和安全，是否利于投资的控制。

3）建筑工程各专业间及其与电气安装工程各专业间的接口是否存在问题：如坐标、高程、尺寸，预埋件、预留孔洞的位置、规格、数量，控制和保护系统的配置、接口。

4）施工过程中各接口专业的分工与配合，技术标准是否统一，明确责任和要求。

（二）施工过程中监理工作

1. 监理在施工过程中对物资、设计变更、原材料、施工人员的控制

1）严格检验进场材料设备质量，验收合格并履行手续后方可使用。对进场的材料设备，必须检查出厂合格证、检测报告，技术性文件等是否齐全用效，有些材料必须试验合格后才能使用，如电线电缆、Z形钢板等。镀锌支架外观检查要无明显缺陷，钢板厚度、外观镀锌质量需符合要求。对进场的电

池组件逐个要进行检验，测量太阳能电池板在阳光下的开路电压，检查电池板输出端与标识正负是否吻合、电池板正面玻璃有无裂纹损伤、背面有无划伤毛刺等，在阳光下测量单块电池板的开路电压应不低于开路电压的4V。对直流汇流箱、逆变器等设备，应组织业主、施工单位共同验收。组织主要设备材料现场开箱检查，在各有关方面检查同意时，形成书面的开箱记录。如果设备存在缺陷，按规定上报，且缺陷处理方案必须经设计、监理、建设单位同意后方可实施，缺陷处理完毕后由监理验收。

2）因设计原因或非设计原因引起设计变更时，由提出方以书面的联系单报监理审查，监理同意后报建设单位审批发送设计单位，由设计单位做出设计变更方案后填写《设计修改通知单报审表》报监理审查，监理批准后方可发送施工（调试）单位实施。

3）检查施工现场原材料、构件的采购、入库、保管和领用情况，随时抽查原材料的产品质量证明文件及产品的复试报告，防止不合格的产品在工程中使用。

4）监督施工（调试）人员严格按施工合同规定的标准、规程规范和设计的要求作业。

2. 各工序的质量控制重点

1）支架基础（本工程基础为灌注桩）

（1）测量放线

测量、定位、放线、高程的控制与确认是确保工程施工质量的重要一步，如出现错误，其后进行的工作都作废。因此，测量、定位、放线、高程的确认必须由建设单位组织设计、监理、施工单位的相关人员进行认真检查核实、复测，以确保准确无误。首先进行场地测量，定位各个坐标点，以1MW$_p$方阵

为单位定位场地标高，为以后减少各光伏板方阵落差打好基础；放线时做好标记，将本单位最高点及最低点的坐标定位。质量控制重点主要是标识清晰，定位准确。

（2）桩身开槽

桩身开槽前首先考察施工区域的土质状况，确定好施工方案，一般含沙量大、土质松散的土质采用二次成型方式进行钻孔，开槽深度＝桩身高度－桩基露出地表高度，机械钻孔成型后采用人工清孔方式，清除坑底浮土，防止成型后桩基下沉。质量控制重点主要是孔深符合图纸要求，坑底干净无浮土、无异物，孔壁无塌方。

（3）筋笼绑扎

按图纸技术要求进行材料下料及制作质量控制重点主要是主筋下料尺寸及箍筋间距在公差范围内，箍筋绑扎牢固，主筋分布均匀，主筋两端平齐。

（4）灌注桩浇筑混凝土施工

①在混凝土浇筑前应先进行基槽验收，轴线、桩孔尺寸、基底标高，钢筋笼质量及定位基准线应符合设计要求，合格后方可施工。质量控制重点主要是混凝土强度达到图纸要求，混凝土坍落度符合技术要求，孔深符合图纸要求，孔深公差±10mm，钢筋笼在运输过程中无变形，桩孔验收后应立即浇筑混凝土。

②一般设置两个定位基准线，一个为水平定位基准线，一个为立面垂直定位基准线，水平定位基准线保证方阵内基础上平面在同一个水平面上，垂直定位基准线保证方阵内基础桩在一条直线上，这样就保证了基础灌注桩的水平高度和桩身间距在要求的误差范围内。相邻两个方阵落差不能过大，落差要考虑日光的最小照射倾角。质量控制重点主

要是定位线尺寸准确，方阵内定位线尺寸公差 ±1mm（相邻两个方阵之间最大落差本工程小于 30mm）。

③钢筋笼首先放置在孔底，浇筑混凝土，当混凝土与地面平齐时停止浇筑，将钢筋笼按图纸要求的保护层提起一定高度后进行振捣。质量控制重点主要是保证钢筋笼上下均有混凝土保护层，混凝土振捣良好。

④放置模具，按两个定位基准线来调整模具的位置，调整好后浇筑混凝土并振捣。保证模具与地面垂直无倾斜现象，模具上面在本方阵均在一个水平面上，高度尺寸公差 ±3mm，桩身间距横向及纵向尺寸公差均为 ±3mm，混凝土振捣良好。

⑤放入预埋螺栓，调整好螺栓间距及螺栓外露高度，调整好后桩身上表面抹平。质量控制重点主要是螺栓间距一个灌注桩上的两个螺栓间距尺寸公差 ±2mm，灌注桩间螺栓间距尺寸公差 ±3mm，对角线尺寸公差 ±5mm，螺栓外露高度尺寸公差 ±5mm，螺栓垂直无倾斜现象，预埋件应进行防腐防锈处理。

⑥混凝土浇筑及养护：浇筑成型 24 小时后拆模，进行混凝土养护，外表套好塑料袋，地表培土。质量控制重点主要是保证防护密封，混凝土无外露，在同一支架基础混凝土浇筑时，混凝土浇筑间歇时间不宜超过 2 小时；超过 2 小时，则应按照施工缝处理；顶部预埋件与钢支架连接前，基础混凝土养护应达到 100% 强度。

2）支架安装（本工程采用固定式支架安装）

（1）支架立柱

支架的前后立柱通过地脚板及预埋螺栓安装在基础上，安装过程中保持与水平面垂直放置，当发现方阵基础不平齐时，可通过垫铁找平。立柱安装基准线为两个，前后立柱各一个。控制重点主要是立柱的垂直度及水平度，垂直度公差 ±1°，水平度公差 ±2mm。

（2）支架主梁

主梁通过螺栓固定在前后立柱上，与水平面成 38° 角，主梁安装是支架安装的关键工序，安装不规范将会加大以后工序的施工难度，也容易造成太阳能电池组件破损。主梁安装基准线为两个，靠近前后立柱位置在上平面前后各一个，安装时可以通过立柱上螺栓长孔上下调整位置。控制重点主要是方阵内各主梁上平面平齐，控制公差 ±2mm。

（3）横梁和次梁

横梁和次梁安装在主梁上，其上平面有与压接光伏板的压块连接，主要作用是提高支架强度和安装光伏组件用。一般中间横梁也充当走线桥架用，此时其连接螺栓的安装方向有明确要求，螺栓方向要安装正确。控制重点主要是横梁及次梁水平度及平行度，水平度公差 ±1°，平行度为材料两端间距公差 ±3mm，螺栓方向安装正确。

（4）支架的紧固度

应符合设计图纸要求及《钢结构工程施工质量验收规范》GB 50205–2001 中相关章节的要求；螺栓的连接和紧固应按照厂家说明和设计图纸上要求的数目和顺序穿放。不应强行敲打，不应气割扩孔；支架的焊接工艺应满足设计要求，焊接部位应做防腐处理；支架的接地应符合设计要求，且与地网连接可靠，导通良好。

3）组件安装

（1）压块安装

压块通过螺栓固定在横梁和次梁上，压块安装位置不合理或不规范容易造成光伏组件的破损，也容易造成光伏组件固定不牢固。控制重点主要是与光伏组件安装紧密无缝隙，螺栓连接紧固。

（2）组件安装

光伏板通过压块连接在支架上，安装时基准线为上下边缘各一个，安装时要求上平面平整，下连接面不允许有异物，安装施工时不允许踩踏。控制重点主要是上平面平齐，压块与光伏板配合紧密无缝隙，光伏板上表面无划伤。

4）组件串接

（1）光伏板之间组串

根据光伏板的电压等级不同，组串包含组件板数量不同，组串时要求接头干净无异物，接头插接牢固无虚接现象。在与汇流箱连接前要求中间一对接头开路，以免发生意外事故。控制重点主要是接头插接牢固无虚接，连接线在线槽内敷设平整。

（2）汇流箱组串

安装时要求汇流箱内主开关处于断路状态，汇流箱进线标识清晰，馈线敷设平整，馈线连接点紧密。控制重点主要是线号标识清晰，连接紧固，馈线敷设整齐。

5）汇流箱安装

（1）汇流箱通过支架安装在后立柱上，进出线通过埋地穿线管从汇流箱下口接入。控制重点主要是汇流箱安装高度一致，进出线管整齐、垂直。

（2）安装位置应符合设计要求。支架和固定螺栓应为镀锌件。

（3）地面悬挂式汇流箱安装的垂直度允许偏差应小于 1.5mm。

（4）汇流箱的接地应牢固、可靠。接地线的截面应符合设计要求。

（5）汇流箱进线端及出线端与

汇流箱接地端绝缘电阻不小于2MΩ（DC1000V）。

（6）汇流箱组串电缆接引前必须确认组串处于断路状态。

6）设备安装

光伏发电主要设备有逆变器、箱变器、主变压器、SVG无功补偿器、GIS开关设备、高低压开关柜、通信柜。控制重点主要是设备基础符合图纸要求，设备型号、规格应正确无误；外观检查完好无损；资料齐全，安装规范。

（1）电气二次系统

①二次系统盘柜不宜与基础型钢焊死。如继电保护盘、自动装置盘、远动通信盘等。

②二次系统元器件安装除应符合《电气装置安装程工程盘、柜及二次回路接线施工及验收规范》GB 50171-2012的相关规定外，还应符合制造厂的专门规定。

③调度通信设备、综合自动化及远动设备应由专业技术人员或厂家现场服务人员进行安装或指导安装。

④二次回路接线应符合《电气装置安装程工程盘、柜及二次回路接线施工及验收规范》（GB 50171-2012）的相关规定。

（2）其他设备

①光伏电站其他电气设备的安装应符合现行国家有关电气装置安装工程施工及验收规范的要求。

②光伏电站其他电气设备的安装应符合设计文件和生产厂家说明书及订货技术条件的有关要求。

③安防监控设备的安装应符合《安全防范工程技术规范》（GB 50348-2004）的相关规定。

④环境监测仪的安装应符合设计和生产厂家说明书的要求。

7）电缆敷设

（1）电缆线路的施工应符合《电气装置安装工程电缆线路施工及验收规范》（GB 50168-2006）的相关规定；安防综合布线系统的线缆敷设应符合《综合布线系统工程设计规范》（GB 50311-2016）的相关规定

（2）通信电缆及光缆的敷设应符合《光缆 第3部分：分规范 - 室外光缆》GB/T 7424.3-2003中的规定。

（3）架空线路的施工应符合《电气装置安装工程66kV及以下架空电力线路施工及验收规范》GB 50173-2014和《110～750kV架空输电线路施工及验收规范》GB 50233-2014的有关规定。

（4）线路及电缆的施工还应符合设计文件中的相关要求。

（5）电缆：按设计要求一般设计为直埋形式，所以电缆多为铠装电缆，控制重点主要是电缆规格是否符合设计要求，出厂检测资料及合格证是否齐全，外表无破损。

（6）电缆沟：由于各地区气温不同，要求电缆沟深度各地区有所差异，一般在1.5~1.8m之间，控制重点主要是电缆沟深度符合图纸要求，电缆沟开槽平直，沟底无异物。

（7）电缆敷设：电缆直埋敷设按相关的施工规范施工，敷设电缆时严禁在坚硬地面上拖拉，放入电缆沟时要求顺直，不允许有U形或S形弯曲现象。电缆过路时要穿保护管后再施工。施工时主要控制重点是按规范施工，过路是否穿管，外表无破损，多条电缆之间无搭接、间距符合要求（一般要求最小间距100mm）。

8）防雷接地

（1）光伏电站防雷与接地系统安装应符合《电气装置安装工程接地装置施工及验收规范》GB 50169-2016的相关规定和设计文件的要求。

（2）地面光伏系统的金属支架应与主接地网可靠连接。

（3）接地沟：施工设备主要为小型挖掘机，施工时主要控制重点为接地沟深度和宽度达到设计要求和施工要求，沟底无浮土。

（4）接地扁铁施工：接地扁铁为外表热镀锌形式，施工不规范容易造成锌面磨损或脱落，所以不允许拖拉及硬物锤击。控制重点主要是扁铁表面无损伤，扁铁焊接时焊高及搭接长度符合图纸要求，焊接部位防腐处理符合技术要求。

（5）接地极：为保证防雷接地可靠性，在接地网内增设接地极，接地极长度一般在2.5~2.8m之间，由于长度较大，造成施工比较困难，施工方式为人工和机械施工两种方式。控制重点主要是接地极长度及埋深是否符合图纸要求，施工过程中材料无明显弯曲、变形。

（6）接地电阻：图纸要求光伏厂区防雷接地接地电阻一般为4Ω，主控楼及开关站接地电阻一般为1Ω。控制重点主要是检测单位及人员资质，检测方式符合规范要求，检测数值是否符合技术要求。

9）设备和系统调试

（1）光伏组串调试调试前应具备的条件

①光伏组件调试前所有组件应按照设计文件数量和型号串并接引完毕。

②汇流箱内防反二极管极性应正确。

③汇流箱内各回路电缆接引完毕，且标示清晰、准确。

④调试人员应具备相应电工资格或上岗证并配备相应劳动保护用品。

⑤确保各回路熔断器在断开位置。

⑥汇流箱及内部防雷模块接地应牢固、可靠，且导通良好。

⑦监控回路应具备调试条件。

⑧辐照度宜大于 700W/m² 的条件下测试，最低不应低于 400W/m²。

（2）跟踪系统调试前应具备的条件

①跟踪系统应与基础固定牢固、可靠，接地良好。

②与转动部位连接的电缆应固定牢固并有适当预留长度。

③转动范围内不应有障碍物。

（3）逆变器调试前应具备的条件

①逆变器接地应符合要求。

②逆变器内部元器件应完好，无受潮、放电痕迹。

③逆变器内部所有电缆连接螺栓、插件、端子应连接牢固，无松动。

④如逆变器本体配有手动分合闸装置，其操作应灵活可靠、接触良好，开关位置指示正确。

⑤逆变器临时标识应清晰准确。

⑥逆变器内部应无杂物，并经过清灰处理。

（4）其他电气设备调试

①电气设备的交接试验应符合《电气装置安装工程电气设备交接试验标准》GB 50150-2016 的相关规定。

②安防监控系统的调试应符合《安全防范工程技术规范》GB 50348-2004 和《视频安防监控系统技术要求》GA/T 367 的相关规定。

③环境监测仪的调试应符合产品技术文件的要求，监控仪器的功能应正常，测量误差应满足观测要求。

（5）二次系统调试

①二次系统的调试工作应由调试单位、生产厂家进行，施工单位配合。

②二次系统的调试内容主要应包括：计算机监控系统、继电保护系统、远动通信系统、电能量信息管理系统、不间断电源系统、二次安防系统等。

③计算机监控系统调试应符合下列规定：a. 计算机监控系统设备的数量、型号、额定参数应符合设计要求，接地应可靠；b. 调试时可按照《水力发电厂计算机监控系统设计规范》（DL/T 5065-2009）相关章节执行；c. 遥信、遥测、遥控、遥调功能应准确、可靠；d. 计算机监控系统防误操作功能应准确、可靠；e. 计算机监控系统定值调阅、修改和定值组切换功能应正确；f. 计算机监控系统主备切换功能应满足技术要求。

④继电保护系统调试应符合下列规定：a. 继电保护装置单体调试时，应检查开入、开出、采样等元件功能正确，且校对定值应正确；开关在合闸状态下模拟保护动作，开关应跳闸，且保护动作应准确、可靠，动作时间应符合要求；b. 继电保护整组调试时，应检查实际继电保护动作逻辑与预设继电保护逻辑策略一致；c. 站控层继电保护信息管理系统的站内通信、交互等功能实现应正确；站控层继电保护信息管理系统与远方主站通信、交互等功能实现应正确；d. 调试记录应齐全、准确。

⑤远动通信系统调试应符合下列规定：a. 远动通信装置电源应稳定、可靠；b. 站内远动装置至调度方远动装置的信号通道应调试完毕，且稳定、可靠；c. 调度方通信、遥测、遥控、遥调功能应准确、可靠，且应满足当地接入

电网部门的特殊要求；d. 远动系统主备切换功能应满足技术要求。

⑥电能量信息管理系统调试应符合下列规定：a. 电能量采集系统的配置应满足当地电网部门的规定；b. 光伏电站关口计量的主、副表，其规格、型号及准确度应相同；且应通过当地电力计量检测部门的校验，并出具报告；c. 光伏电站关口表的 CT、PT 应通过当地电力计量检测部门的校验，并出具报告；d. 光伏电站投入运行前，电度表应由当地电力计量部门施加封条、封印；e. 光伏电站的电量信息应能实时、准确地反映到当地电力计量中心。

⑦不间断电源系统调试应符合下列规定：a. 不间断电源的主电源、旁路电源及直流电源间的切换功能应准确、可靠，且异常告警功能应正确；b. 计算机监控系统应实时、准确地反映不间断电源的运行数据和状况。

⑧二次系统安全防护调试应符合下列规定：a. 二次系统安全防护应主要由站控层物理隔离装置和防火墙构成，应能够实现自动化系统网络安全防护功能；b. 二次系统安全防护相关设备运行功能与参数应符合要求；c. 二次系统安全防护运行情况应与预设安防策略一致。

10）隐蔽工程

隐蔽工程必须经施工单位质检员、设计工代、监理工程师或建设单位现场代表检查验收，并在施工记录上签字后，方可隐蔽或进行下一道工序的施工。如地基处理与验槽、钢筋工程、地下混凝土工程、地下防水防腐工程、屋面基层处理与预埋管件、接地网的敷设与掩埋等（注意影像资料留存）。

监理顶层设计七思"破"局

翟春安

江苏安厦工程项目管理有限公司

摘　要：监理制度从试点推广至今已经30年，功劳与苦劳众说纷纭，广大监理战线上的同志们面对目前监理发展状况忧心忡忡，是制度错了还是行业错了？原因是多方面的，但关键还是在制度建设的"顶层设计"上。笔者通过长期思考，归纳了以下7个方面的主要问题，当作监理制度顶层设计的超思维思考，旨在打破目前监理困局，或许可以为监理制度的健康"复活"找到突破口。

关键词：监理　制度　顶层设计

引言

1984年，我国第一次利用世界银行贷款，进行云南鲁布革水电站建设。因世界银行的要求，首次引入国际通行的FIDIC管理模式，即由建设方聘请专业人士来做第三方，并通过专家与施工单位的沟通，主导整个建设过程。我国在借鉴这一西方体制的基础上，1988年，建设部发布了《关于开展建设监理工作的通知》，中国建设监理制度由此建立。

建设监理制度从试点推广至今已经30年，功劳与苦劳众说纷纭，广大建设监理战线上的同志们面对目前监理发展状况忧心忡忡，监理还要不要存在？监理工作到底该怎样展开？是制度错了还是行业错了？上上下下议论纷纷，到底是什么原因使监理走入迷途？又该如何破局？究其原因肯定是多方面的，但关键还在制度建设的"顶层设计"上。笔者通过多年的基层监理工作经历及长期思考，归纳总结了监理行业需要应对或突破的7个问题，作为监理制度顶层设计的超思维思考，旨在打破目前监理困局，或许可为监理制度的健康"复活"找到突破口，并期盼监理行业继续健康辉煌地发展。

一、要肯定监理作为，坚定强制监理的作用与地位

工程监理制度是我国因建设项目管理体制改革的需要，借鉴世界先进的工程管理经验，并结合国情所建立的建设工程项目的基本制度之一。这项行之有效的建设工程管理制度，在我国推行已走过了30年的历程，对促进我国工程建设管理水平的提高功不可没，也得到了全社会的广泛认可。然而，近几年随着建筑市场的急剧扩张，各种问题频发。安全事故高发，质量事件频现，主管部门埋怨监理不力，监理公司力不从心，业主对监理不满意，监理费直线下滑，总监惧怕安全责任纷纷改行，大批高素质人才远离监理行业，等等，一时间监理行业好像变得多余。

在此情况下，住房和城乡建设部及时开展工程质量两年行动的紧急治理，

通过强化治理，社会公众在一定程度上逐渐开始客观理性，看到了监理在建筑市场管理中应有的重要作用，看到了建筑市场管理制度的不足，看到了建筑市场整体治理的必要性。因此，在监理行业制度的顶层设计中，必须充分肯定监理强制性要求的客观性和必要性，要坚定地巩固监理在建筑市场管理中的地位和准确定位，才能使监理行业科学规范、管理有效，凸显监理工作的重要作用。

二、要明确监理安全生产角色，改革监理担责方式

自《建设工程安全生产管理条例》实施以来，监理行业安全生产责任承担越来越不可思议，监理的日常巡查工作已与施工单位的安全管理牢牢地进行了捆绑，主管部门检查施工现场安全也紧盯监理行为，施工企业安全措施不到位甚至会埋怨监理没有管好，一旦发生事故监理连带"五十大板"，法律责任追究已超越了监理能承担的责任，监理现场工作重点被迫转移到安全管理上，直接导致监理工作力不从心，监理被罚，乃至追究刑事责任等情况，更加速了高素质人才纷纷逃离这个行业的趋势。然而，安全形势依然居高不下，为什么？我们不妨从顶层设计的角度探讨一下安全生产责任的承担：倘若明确监理的安全生产角色是监督职责，那就应从现状入手，改变一下监理承担安全生产责任的方式。把建设单位、施工单位、监理单位整体管理，各司其职，各负其责，业主负责安全费用支付到位、监理负责安全程序管理和安全提醒支持到位、施工单位负责安全措施设施和实施到位，聚焦现场安全管理，责任落地，可能会大大加强

施工单位能力的提升和责任对接，降低安全事故的发生，增强建筑业的整体竞争力，从而回归监理作为监督管理的本职。倘若监理不应承担安全生产责任，那就从顶层设计上把安全生产从监理责任中划分出去，回归监理中介咨询服务的本质。同时，业主根据政府设置的相关规费标准缴纳费用，政府再通过招标采购平台聘请专业化的安全机构监管安全，并承担相应的安全履职责任。这样，安全机构作为政府代表安监站的助手，从费用支付到人员管理均能得到保证，不受工程建设相关方的利益影响，并最大程度地协调调动现场安全管理的积极因素，客观公正地将安全责任一以贯之，集中发力，也不失为另一种选择。

三、恢复质监站验收签字确认制度，把好工程建设质量关键一环

自从工程质量验收实施备案制以来，质监站作为政府代表只参与监督验收而不再参与确认性验收，也不在验收文件上签字，虽然满足了政府职能转变需要，但实质上降低了工程质量验收的社会强制力，不知不觉降低了建筑工程质量和水平，加大了建设单位左右工程质量参建方对工程质量的影响，使很多工程带病交付，变成了工程质量控制的薄弱环节，不仅大大损害了广大业主的利益，还将在项目交付后产生更多后患。如果恢复质监站代表政府参加验收并在验收单上责任签字，则参建各方责任落实将更加扎实、更加真实、更具可追溯力。谁签字谁负责制度的约束还可以影响建设单位对施工单位优胜劣汰机制的坚持，促进建筑市场秩序建设，减轻监理协调压力，

推动建筑市场规范诚信可持续发展。

四、改变业主单方支付监理费现状，推动建立三方共同支付机制

合理的监理咨询取费是保证监理服务质量的重要前提。然而在当今诚信机制建设尚存不足的现实社会中，国家发改委取消了监理取费的指导标准，这对监理行业的健康发展，监理工作的科学实施产生影响。低价格竞争、低水平生存、低质量应付等现象频出，最终不仅损毁了行业形象，更损坏了百姓利益。一直以来，监理费作为咨询费均由业主与监理单位签订监理服务合同，由业主方单方支付，面对业主高要求低价格的事实，监理企业也只能无奈接受，望费兴叹，恶性循环。如果我们能改变监理费只由业主单方支付为由业主、保险公司和质监站三方支付机制，可能更有利于工程质量：业主方支付委托监理管理建设程序的管理费用，按工程造价固定收费；保险公司支付质量保证鉴定监督费，按面积收费；质监站按现场和诚信两方面对监理考核支付协助监督费（该费用在施工许可前收缴，由业主方支付），这样监理完全按市场要求分别对业主、保险公司和质监站共同负责，实质性地把质量管理进行了社会延伸，对保证社会各方的切身利益

具有重大意义和影响。

五、积极响应住建部工程项目管理引导政策，大力推行以监理为主导的全过程项目管理服务实践

工程项目管理是一项系统工程，分解施工和支解管理都是不科学的组织管理方式，必须引起工程管理界的高度重视。从工程建设管理的整体趋势来看，未来国际化的 EPR 总承包施工和 EPC 管理总包或称工程项目总包管理定然是大势所趋。住建部已在政策层面积极引导和鼓励多资质大型监理企业开展全程项目管理试点，鼓励大型监理企业与有招标、造价资质的咨询企业合并组建项目管理企业，意在整合各类专业人员系统实施项目管理，促进项目管理更科学、更高效、更专业、更优质地完成。而在各类工程中介咨询服务公司中，监理企业按照三控三管一协调的基本管理框架是最容易也是最适合的主导单位，虽然国际上也有以设计师为主导开展项目管理的，但在我国，相比之下监理的抗压能力相对较好，由监理主导开展全程项目管理更为可行。

六、要控制建设监理企业数量，加强监理队伍能力建设与考核

从监理年度统计数据中不难发现，房建行业监理企业数量众多，企业产值分散明显，人均产值更是可怜，相对而言，交通、电力行业监理形势则较好。究其原因主要是房建行业监理企业数量多、专业单一、同质化竞争普遍，加之近几年放宽对注册人员专业限制，变相降低了资质门槛，更加重了低水平同质化竞争乱象，最终降低了行业整体水平，引起恶性循环。因此，在当前建筑业滑坡的低谷期，各级建设行政主管部门有必要鼓励同质小微监理企业合并重组，适当控制小规模监理企业数量，通过减量增质提高规模监理企业竞争力和扩容其竞争空间，同时加强监理企业注册人员核查，看紧监理企业诚信制度建设，加强执业人员业务水平考核，全面促进行业健康发展。

七、改革企业资质审批制为行政监管制，恢复监理资质批管合一模式

现有的行政审批制度实行了企业资质批管分开的原则，目的是减少流程、规范审批、提高办事效率、减少腐败，出发点是好的，但近年来的情况不容乐观。由于审批部门只管审批，不了解管理部门在管理过程中具体存在问题，不清楚企业到底需要什么，不经意拉长了变更审批路线，降低了办事效率，加上对申报企业实际注册人员缺乏实质性审查与监管，使行业资质动态管理缺乏抓手，管理乏力，若将两者有机合并，可能会大大加强管理精准度，促进行业管理更透明、更直接、更有效。

结语

综上所述，笔者结合当前监理行业窘迫现状和尴尬处境而"极端"思考后形成的几点个人想法，可能还不全面，有的甚至与现有规定矛盾，但无论如何是出于一个非常热爱监理行业的人员的真实想法。因为，监理发展到现在，是到了该全面思考、彻底改革的时候了。做好监理制度的顶层设计，不破不立，如能大胆彻底打破旧桎梏，必将对监理行业的发展产生深远而积极影响。

"三标"管理体系在监理服务过程中的应用

金志刚

北京华兴建设监理咨询有限公司

摘　要：质量、环境和职业健康安全三标管理体系的建立，能有效提高监理企业的管理水平。本文对监理企业实施三标管理体系的问题进行了论述，为企业的管理活动提供借鉴。

关键词：三标管理体系　质量管理　环境管理　职业健康安全管理

一、"三标"管理体系的基本认识

质量、环境和职业健康安全标准（GB/T 19001/ISO 9001、GB/T 24001/ISO 14001、GB/T 28001/OHSAS18001）建立的管理体系，具有极强的科学性、系统性、先进性和权威性。三标管理体系协调统一，应用过程方法、循证决策方法和基于风险的思维，将相互关联的过程作为系统加以识别、理解和管理，有助于组织提高管理绩效，增强企业综合竞争能力。

"三标"管理体系强调预防为主，从管理结果向管理因素转变，因素受控；从末端治理向源头管理转变，关口前移。体系按照 PDCA 循环规律运作，同时满足顾客、社会、员工及组织内相关方的要求，追求卓越，持续改进。

二、"三标"管理体系在监理服务过程中的应用

（一）"三标"管理体系为质量管理提供系统方法

监理企业在建立"三标"管理体系时，首先应制定质量方针、质量目标，编写管理手册、程序文件、作业文件（工程监理业务指南）。在监理过程中，采取计划、实施、检查和监督等方法，对质量目标进行事前、事中和事后控制，确保质量目标的实现。

事前质量控制就是以监理工作准备为核心，包括组建项目监理部、配备相关基础设施；熟悉监理合同、设计图纸、法律法规、标准规范等文件资料；编制监理规划、监理实施细则和旁站监理方案；参加设计技术交底会；审查承包单位资格和施工组织设计；查验施工测量放线成果；参加第一次工地会议；审批开工报告等。要求事先进行质量策划，分析质量影响因素，找出薄弱环节，制定出有效的控制措施，如：质量通病防治办法或专项技术方案，以实现工程质量的事前预控。

事中质量控制主要活动包括：监督承包单位执行已批准的《施工组织设计（方案）》；对重点部位、关键工序进行旁站监理；审核进场工程材料、构配件、机械设备；对检验批、分项分部工程进行检查验收等。监理人员要增强质

量意识，坚持质量标准，创造一种过程控制的机制和活力。

事后质量控制主要防治不合格的工序或产品流入下道工序、市场，对工序质量偏差进行纠正，对不合格产品进行整改和处理，表现在施工质量验收各个环节的控制方面。

以上3大环节不是孤立和截然分开的，它们之间构成有机的系统过程，是质量管理PDCA循环的具体化，并在每一次的循环中不断提高，达到质量控制的持续改进。

（二）遵守"法律法规及其他要求"贯穿监理服务全过程

三大标准强化了对遵守"法律、法规及其他要求"的管理。组织的环境、职业健康安全方针应体现对遵守"法律、法规及其他要求"的承诺；"法律、法规与其他要求"是进行环境因素、危险源识别和评价的重要依据之一，应有畅通的收集获取渠道；组织在建立环境、职业健康安全目标、指标及方案时应考虑法律、法规及其他要求；组织的环境、职业健康安全培训、协商与交流、文件管理要包含相应的法律、法规信息并满足有关要求；运行控制、应急准备和响应是控制环境因素、职业健康安全风险的重要途径；通过合规性评价对适用的"法律、法规和其他要求"的执行和遵守情况进行测量，并通过不符合、纠正和预防措施对存在的问题进行处理；"法律、法规和其他要求"是企业内审的重要依据之一，进行管理评审时应关注相关"法律、法规和其他要求"的发展和变化，从而调整、改善体系，使其满足充分性、适宜性和有效性。由此可见，遵守"法律、法规和其他要求"贯穿于环境、职业健康安全体系的始终，亦贯

穿于监理服务全过程之中。

（三）运行控制是环境、职业健康安全管理的关键

组织应对已识别的环境因素、职业健康安全风险采取运行控制措施，并在监理过程中严格执行，保证其处于受控状态。

1.制定和审查相关的环境、安全保证措施：在《监理规划》中提出相应的环境保护措施、安全施工监理措施等，或者制定《安全文明施工监理实施细则》；严格审批施工单位编制的各项安全技术方案，确保施工作业安全。

2.环保、安全教育：对每个项目的监理人员进行环境保护、职业健康安全交底，学习相关的法律、法规和其他要求。施工现场悬挂安全标语、宣传画、宣传栏等，多角度、多视野地对监理人员进行安全警示教育，做到人人学安全，人人懂安全，人人管安全。

3.进行全面普查、清理、整顿：对环境因素、危险源进行日常检查；定期对重要环境因素、重大危险源检查，对发现的环境安全隐患按照相关要求及时处理，并保留成文信息。

4.根据项目情况编制应急预案，必要时进行演练，增强实用性和可操作性。

（四）监控措施是体系有效运行和持续改进的保障

环境、职业健康标准所倡导的环境、职业健康安全管理体系是管理上科学、理论上严谨、系统性很强的管理体系，具有自我调节、自我完善的功能，有较严密的三级监控机制。

第一级监控措施——绩效测量与监测，包括：监理服务过程中环境因素、职业健康安全的日常检查，以及环境安全目标、法律法规遵循情况的监控；事故、事件、不符合的监控和调查处理。

对于上述监控中发现的问题，监理人员现场随时解决。

第二级监控措施——环境、职业健康安全体系内部审核监督，由监理企业组织内部审核员进行，内审员得到充分授权，对各个职能部门及项目监理部的体系运行情况进行检查并作出评价，判定企业的环境、职业健康安全管理体系是否符合标准要求。这是集中发现问题、解决问题的一种有效手段。

第三级监控措施——管理评审，由最高领导者组织进行，将一些管理层解决不了的问题，关系企业方针的问题集中在一起，由决策层加以解决。管理评审的内容包括内审的结果、目标的实现程度、持续改进的要求等。管理评审应针对组织内部因素的变化和外部环境的变化，对管理体系做出相应的调整。

三、"三标"管理体系实施效果

（一）认识管理的规律性，建立一致性的管理基础

"三标"管理体系原理相同，模式相似。QMS、EMS、OSHAS均遵照PDCA循环原则，不断提升和持续改进的管理思想；都运用了系统论、控制论、信息论的原理和方法，分目标相似、总目标一致；都是为了满足顾客或社会、员工和其他相关方的要求，推动现代化企业的发展和取得最佳绩效。具体相同点：有相同的管理原则，即"以顾客为关注焦点、领导作用、全员积极参与、过程方法、持续改进、循证决策方法、关系管理"；总要求一致，均强调适用的广泛性，适用的主体是各行各业及各种类型的组织；逻辑思路大部分相似，均

按照"最高管理者承诺——建立方针、目标（指标）——策划——支持——运行——绩效监视、测量、分析和评价——改进"的顺序进行构思和排列条款；文件框架结构相同，都是按管理手册、管理程序、支持性文件三个层次编制的，均要求管理手册涉及企业的全部（或主要）活动。

实施三标管理体系，有利于基础性管理规范完整，有利于促进企业系统管理体制的形成，有利于企业建立质量、环境、职业健康安全相融合的管理理念，使企业的一切工作处于受控状态，优化和巩固业务流程。

公司领导层、职能部门、项目监理部之间职责明确、接口清晰，公司所辖范围内执行同一套管理手册、程序文件、作业文件（工程监理业务指南）及

管理办法，实现"管理制度化、工作规范化、监理标准化、服务优质化"，形成一致性的管理基础。

（二）优化人力资源配置，完善组织管理结构

质量、环境、职业健康安全3个管理体系都对人力资源有明确的要求，规定岗位职责和权限，一岗多责、一职多能，提高综合工作效率。

"三标"管理体系文件的发布与实施，是企业提升管理水平的重要举措。企业只有学习、运用先进的管理理念和方法，才能实现科学化、规范化、标准化的管理，做大做强、做精做细企业，这也是创建企业文化的具体体现。

"三标"管理体系适应现代企业发展的需要，是每个单位、每个部门、每个员工应该遵循的规则，为企业提供一

个系统科学的管理思路，使各项管理领域之间实现功能互补、协调配合、紧密衔接、高效运转。

（三）推行"三标"管理体系，降低管理成本

质量、环境、职业健康安全管理体系涉及企业的方方面面，公司通过管理体系认证并付诸实施后，在企业内部挖掘潜力，努力降低成本，全面提升生产经营管理水平，实现了节约发展、创新发展、安全发展、可持续发展的目的。

参考文献

[1]《质量管理体系要求》.GB/T 19001-2016/ISO9001：2015 标准.

[2]《环境管理体系，要求及使用指南》.GB/ T24001-2016/ISO14001：2015 标准.

[3]《职业健康安全管理体系要求》GB/T 28001-2011/OHSAS18001：2007 标准.

谈工程监理文件资料管理标准化在工程建设中的作用

李琳

北京光华建设监理有限公司

一、监理文件资料管理标准在工程监理文件资料管理中的影响

工程监理文件资料是工程建设工程中项目监理机构工作质量的重要体现，是工程质量竣工验收的必备条件，是城建档案的重要组成部分，是监理合格履行的重要书面依据，也是验证和判断监理单位和监理人员的有无失职责任的重要书面依据。监理文件资料的标准化、科学化、规范化、直接影响监理文件资料的使用价值，是监理工作规范化的真实反映。加强监理文件资料的管理是监理单位管理工作的重要管理内容，是管理标准化、规范化的重要标志。工程监理文件资料是监理单位在实施工程项目监理过程中直接形成的具有保存价值的各种文件、文字记录、表格、电子文件等形式与载体的信息记录。是项目参建单位之间分清责任、解决纠纷的重要依据；是评定工程质量、合理结算工程价款、工程验收备案的必备资料；是反映工程内在质量和监理工作质量的重要凭证，也是监理单位的最终产品的形成。

正确认识监理文件资料的重要性是规范监理文件资料的前提。要建立真实、准确、完整的监理文件资料，有效发挥和体现监理的作用和水平就必须树立监理文件资料和监理工作相统一的思想，将二者有机结合起来，并形成以监理文件资料规范化带动监理工作规范化，以监理工作规范化促进监理文件资料管理标准化的局面。首先，监理文件资料是监理工作的重要体现形式，监理效果最终反映在文件资料上。实践证明，监理工作规范到位的项目，其监理文件资料绝大多数可以做到管理规范。其次，监理文件资料的规范化有效地促进了监理工作的顺利开展。

二、监理文件资料管理的意义

建设工程参建各方对数据和信息的收集是不同的，有不同的来源，不同的角度，不同的处理方法和解决方式，不同的时期数据和信息收集也是不同的，侧重点有不同，要规范信息行为。

从监理的角度，建设工程的信息收集由介入阶段不同，决定收集不同的内容。监理单位介入的阶段有：项目决策阶段、项目设计阶段、项目施工招投标阶段、项目施工阶段等多个阶段。各不同阶段，与建设签订的监理合同内容也不尽相同，因此收集信息要根据具体情况决定。

建设工程监理文件资料管理，是建设工程信息管理的一项重要工作。它是监理工程师实施工程建设监理、进行目标控制的基础性工作。对监理文件档案资料进行科学管理，可以为建设工程监理工作的顺利开展创造良好的前提条件。建设工程监理的主要任务是进行工程项目的目标控制，而控制的基础是信息；如果没有及时、准确、可靠的信息，监理工程师就无法实施有效的控制。在建设工程实施过程中产生的各种信息，经过收集、整理和传递，以监理文件档案资料的形式进行管理和保存，会成为有价值的监理信息资源，它是监理工程师进行建设工程目标控制的客观依据。对监理文件档案资料进行科学管理，可以极大地提高监理工作效率。

监理文件档案资料经过系统、科学的整理归类，形成监理文件档案资料库，当监理工程师需要时，就能及时有针对性地提供完整的资料，从而迅速地解决监理工作中的问题；反之，如果文件档案资料分散管理，就会导致混乱，甚至遗失，最终影响监理工程师的正确决策。对监理文件档案资料进行科学管理，可以为建设工程档案的归档提供可靠保证。监理文件档案资料的管理，是把监理过

程中各项工作中形成的全部文字、电子文件、图纸及报表等文件资料进行统一管理和保存，从而确保文件和档案资料的完整性。一方面，在项目建成竣工以后，监理工程师可将完整的监理文件资料移交建设单位，作为建设项目的工程监理档案；另一方面，完整的工程监理文件档案资料是建设工程监理单位具有重要历史价值的资料，监理工程师可从中获得宝贵的监理经验，有利于不断提高建设工程监理工作水平。

三、监理文件资料的管理

监理文件资料是监理服务过程中形成的一系列记录，可以说监理文件资料管理是监理水平高低的重要标志之一。因此，必须充分重视监理文件资料管理的规范化及标准化，推动监理工作的深入开展。

（一）建立监理机构内部责任制及相关制度

监理文件资料是在工程监理过程中逐步形成的。而整个工程监理过程环节繁杂，专业各异，不论是监理工程师，还是专职资料员，仅依靠个人的力量是无法做好这项工作的。根据监理文件资料产生于监理过程的特点，制定"谁监理、谁验收，谁负责"的监理文件资料管理原则。

（二）加强对监理文件资料的管理

建设工程施工阶段监理文件资料是工程建设过程的纪实资料，是参加工程建设的建设方、勘察、设计、施工和监理单位以及建筑材料构配件、工程试验、工程验收及设备生产供应单位之间责任划分、解决纠纷的重要依据，是评定工程质量、合理支付工程款的必备资料。

施工阶段监理文件资料是评价监理工作质量的重要依据，编制好监理文件资料亦是监理单位保护自我、赢得建设方信任的必然条件。因此，做好施工阶段监理文件资料的管理，是每一位监理人员应尽的职责，是向社会、建设方负责的体现。

（三）施工阶段监理文件资料的编制的要点

施工阶段监理文件资料的编制依据是《建设工程监理规范》（GB 50319-2013）《建设工程文件归档整理规范》（GB/T 50328-2014）《建筑工程资料管理规程》《建设工程施工现场安全资料管理规程》DB 11/383-2006《建设工程监理规范》《工程建筑监理行业团体标准》《工程监理资料管理标准指南（房屋建筑工程）》以及国家和地方近期发布的有关法律、法规文件。特别提出的是，现在监理单位的安全监理责任越来越大，编制和保存好安全监理文件资料也是一项必不可少的工作。

（四）施工阶段监理文件资料的分类

根据监理文件资料的保存年限，对监理文件资料进行分类。对不同类别监理文件资料的重要程度，要做到心中有数，这是作为监理文件资料编制目录的前提。

（五）监理公司应建立完善的监理文件资料管理制度

监理文件资料的编制不是独立的个人行为，而是一个项目监理部门管理

工作的一部分。要使监理文件资料的管理工作真正步入规范化的轨道，监理公司应当建立一个完善的监理文件资料管理制度。在监理文件资料管理制度中，应当明确监理文件资料所包含的内容以及公司对项目监理文件资料进行考核的办法。

（六）加强对监理文件资料编制人员的培训和教育

目前，并不是所有的工程项目都配备有专职的监理文件资料编制人员。对于规模较小、资料不多的项目，一般是由现场监理来兼职编制监理文件资料。但是，无论是兼职还是专职的监理文件资料编制人员，都必须熟悉相关法律、法规、规程、规范以及本监理公司的监理文件资料管理制度。只有按照相关的制度落实，监理文件资料才有可能做好，做规范化。监理公司应当加强对监理文件资料编制人员的培训和教育，可采取下发相关学习文件，举办监理文件资料编制过程中的知识讲座，出题考核等形式来提高监理人员编制监理文件资料的水平。

（七）加大监理文件资料的收集力度

一份完整的监理文件资料需要建设方、承包单位、监理单位多方共同努力才能实现。如果建设方、承包单位的某些资料由于种种原因没有及时到位，即使监理文件资料编制人员的水平再高，也不可能做出高质量的监理文件资料。为了加大监理文件资料的收集力度，在此提出四点建议：一是在第一次工地例会上强调及时收集资料的重要性，明确责任，并要求承包单位在每周工地监理例会上汇报资料收集的情况。二是按专业分别抓落实，明确时间，保证按时收集到位。三是对承包单位给予必要的帮助指导，及时为其办理签字盖章手续。四是对于由

于建设方原因造成的资料滞后，应及时提醒建设方尽快落实相关事宜。

（八）监理日记是检查监理工作、监理文件资料的主线

监理日记是逐日记录监理工作和施工活动的重要资料，内容涉及工程建设的全方位，时间的连续性强，它是检查监理工作和监理文件资料的重要线索。要求总监理工程师应逐日签阅各监理日志，这样既检查了监理人员的工作，又熟悉了监理情况。对于监理日记的检查，总监理工程师可根据监理人员的职责和施工进度，检查监理日记是否有漏记部分，例如，工程施工验收情况，专业的监理日志中应有该单元的施工方案报验、材料报验、见证记录、旁站记录的内容记录，材料复试、测量放线报验；如召开工程监理例会、安全质量问题处理等事项也应有记录并应有整改后的记录内容。以这些记录为依据，可再进一步检查该监理人员负责的监理文件资料是否完整、及时、分类有序等，因此要求项目监理部总监理工程师对本项目的监理日志进行逐日签认。

（九）加强与业主的沟通，争取建设方的理解和支持

监理文件资料管理工作与其他监理工作一样需要加强与业主的沟通，争取建设方的理解和支持。监理文件资料中的施工合同文件、勘察设计文件、施工图纸、设计变更、工程定位及标高资料、

地下障碍物资料等，都由业主提供。平时工作的来往信函、会议纪要、监理工作联系单等也和业主有关。工程计量和工程款支付、工期的延期、费用索赔等工作也要与业主沟通。对施工资料的严格要求也需要争取建设方的理解和支持，否则工作很难开展，监理文件资料的管理工作就难以落实。

四、目前监理文件资料管理中存在的主要问题以及解决方案

（一）监理文件资料管理中存在的主要问题

1. 监理文件资料编制各自为政，资料编制、填写不规范

目前还没有一个完整、统一、规范格式的示范文本。使同一个项目中各监理单位采用的表式无法统一，造成监理文件资料表式混乱。同时，由于监理单位的领导重视不够，配备的资料管理人员没有系统地学习资料收集、整编的方法和要求，监理文件资料既不按工程部位整编，也不按事件整编，存在时序性不强，资料档案编号不一致等问题。

2. 编写、收集、整理不够及时

工程技术报审资料、隐蔽工程验收、工程材料报审等，很多资料都时过境迁，不可能靠回忆来弥补。如果总监理工程师以及监理人员对监理过程形成的资料整编工作不重视，人员安排不当，检查指导不力，监理文件资料整编工作就会严重滞后于工程进度。实际工作中，有的监理单位，监理工作开始前无规划，开始数月无实施细则，分部工程验收时无质量等级建议，也不去收集相关的监理材料，直到需要支付承包单位工程进

度款时，才进行收集和填报检验报告，于是随便找一些材料合格证，再填写成合格的检验报告，弄虚作假，编造虚假资料报验，给工程质量造成影响。

3. 内容的系统性、完整性不够

工程监理文件资料内容多、涉及面广。有的监理单位管理不善、制度不严、责任不清，在监理文件资料收集过程中，有的物资报验材料的合格证或检验报告缺失，有的监理日志上记有质量事故的记录，却没有承包单位关于质量事故的调查分析报告、事故处理方案以及工程相关方对质量事故处理的意见等。这些都直接影响建设工程监理文件资料的系统性和完整性。

4. 资料内容的准确性、真实性不够

由于监理文件资料收集不及时，加上有些监理人员不懂建筑法规，对监理规范、施工规范、质量评定标准不太熟悉，在收集、整编监理文件资料时，随意捏造数据，移花接木，掩盖质量问题。

（二）监理文件资料管理问题产生的原因分析

1. 重视程度不够

许多工程项目监理文件资料不过关，最根本的原因就是监理单位或个人对监理资料工作重视不够，重现场、轻内业的思想没有根本消除。思想上不高度重视，行动上就不会认真地下功夫，监理文件资料上的问题就会一个接一个地产生。

2. 连续性无保障

监理人员较多、工程规模较大、工期较长的项目，由于监理人员的更换，在工作移交时没有很好地将监理文件资料完整、按顺序、连续性地移交，使监理文件资料越传越少、越来越乱。到工程竣工时，资料已经七零八落，而整理

资料的人已经不是原先从事此项监理工作的监理了，想补充部分资料以达到连续也无从下手。

3.缺乏中间检查

监理文件资料是随着工程进展及监理活动的进行，一天天产生、积累起来的。监理文件资料中存在的问题也是在这一过程中逐步显露出来的。如果缺乏中间检查，就不能及时发现问题，也就不能及时采取相应措施予以解决，日积月累，到最终矛盾暴露时往往难以挽回。

（三）监理文件资料管理问题的解决方法

针对在工程施工阶段中监理文件资料管理中出现的问题，可采用下面几种方法来进行改进。目前北京市建设监理协会出版了工程监理行业团体标准《工程监理资料管理标准指南》（房屋建筑工程及市政工程）。逐渐使监理工作过程中的资料管理规范、系统化。监理工作标准是提升监理整体水平的有效途径，监理行业和监理单位制定的标准化监理工作方法，通过标准化和信息化的实施，促进监理行业素质的提升，有利于监理履行职责和更好的发挥作用。

1.提高认识，加强专业人员培训

加强对与监理文件资料整编工作有关人员的教育，使之充分认识到监理文件资料整编工作的意义和重要性；了解监理文件资料整编过程具有阶段性、时效性和特殊性；了解建筑工程施工过程以及隐蔽工程验收、工程材料报审等具有时过境迁、不可追忆的特性。只有这样才能提高他们的责任心，激发他们工作的积极性和主动性；才能使他们在工作中自觉遵守有关规定，认真、及时、准确、规范地完成监理文件资料的收集和整编工作；不至于出现错填、误填、少填、漏填和反复改写等不认真对待的现象，更不会出现弄虚作假、胡编乱造等现象。

2.加强目标控制，规范资料归档

目标控制是指在工程实施之前项目监理机构根据工程的特点，制定监理文件资料的归档目标，要求在工程的实施过程中根据制定的规划进行跟踪分析、比较。若发现资料缺少、漏项，应及时纠正，以保证工程监理文件资料管理目标的实现。这就要求监理人员及时收集工程实际情况及相关信息资料，加以分析比较，判断工程监理文件资料管理是否仍在目标控制以内，以规范资料的归档。

3.利用网络，科学管理

应利用网络对工程建设监理进行动态管理，学习先进的监理文件资料管理技术和经验。计算机网络不仅能使监理公司与各工程工地监理部之间进行及时的双向信息传送，还能与业主、施工单位等各方进行工作上的沟通和信息反馈，提高效率。工程监理文件资料管理应充分利用计算机网络信息技术，建立起工程物资进场报验、施工试验报审、工程验收、工程量、工程进度款报审等监理管理台账，实现监理文件资料编制管理的现代化。

简论项目管理的成本管理

霍斌兴

天津辰达工程监理有限公司

摘　要：近年来，建筑尤其是化工建设项目建设市场竞争日趋激烈，项目的利润空间越来越小，工程参与者能否获得较大的经济利益，关键在于有无有效的成本管理控制手段。

关键词：工程项目成本管理

一、成本管理是项目管理必须面对的课题

成本管理是工程项目管理的重中之重，随着市场秩序的进一步规范，竞争激烈程度的与日俱增以及商业新模式、新业态的不断涌现，建筑业粗放型发展模式正走向穷途末路，项目成本管理的重要性进一步凸显。以下简述内容主要针对化工建设项目的管理。

项目管理一直以来面临着接活难、干活难、结算难、收款难；被垫资、压价、拖欠等局面，财务成本风险较大。在此种环境下，工程监理企业如何降低成本，从而实现"低成本竞争，高品质管理"，使企业在激烈的市场竞争中立于不败之地，是每个企业和企业管理者必须面对、必须解决的长期课题。

二、工程项目成本管理

（一）项目成本

项目成本就是指项目消耗和占用资源的数量和价格的总和，泛指该项目总共投资了多少钱，在施工项目中，对项目成本的管理控制是公司降低成本的关键。构成项目成本的部分有项目确定与决策工作成本、项目设计成本、项目采购成本、项目实施成本等。具体的项目成本科目可分为人工成本、物料成本、顾问费用、设备费用、其他费用（如保险、分包商的法定利润等）、不可预见费（为预防项目变更的管理储备）等。影响项目成本的因素有项目消耗和占用资源的数量和价格、项目工期、项目质量、项目范围等因素。

（二）工程项目成本管理

在规范的市场条件下，低成本竞争是建筑企业重要的竞争手段，而对工程项目的成本进行有效的管理，是建筑企业获得利润的保证，直接影响企业的经济效益。随着市场经济体制的建立和完善，市场竞争亦日趋激烈，项目建设工程公司的利润空间也越来越小，工程项目的建设需花费公司大量的资金，公司能否在竞争中立于不败之地，关键在于公司能否为业主提供质量高、工期短、造价低的项目产品，而公司能否获得较大的经济利益，关键在于有无有效的成本控制手段。公司间的竞争实质上就是成本竞争，项目管理作为成本责任管理中心的一环，是公司能否取得效益的根本环节。因此，对项目成本的管理控制便是公司降低成本的关键节点。只有及时、准确、有效地做好工程项目成本控制，才能实现项目盈利最大化和成本最

小化的目标，从而使公司获得可持续发展的源动力。

三、目前工程项目成本管理存在的问题

（一）对工程项目成本管理认识上存在误区

工程项目成本管理是一个全员全过程的管理，目标成本要通过施工生产组织和施工过程来实现。工程项目成本管理的主体是施工组织和直接生产人员，而不只是会计人员。长期以来，许多项目经理一提到成本管理就认为只是财务人员的事，简单地将项目成本管理的责任归于项目成本管理主管或财务人员。结果，工程技术人员只负责技术和工程质量，工程组织人员只负责施工生产和工程进度，材料管理人员只负责材料的采购、验收和发放工作。表面上看起来分工明确、职责清晰，然而却没有了成本管理的责任。如果生产组织人员为了赶工期而盲目增加施工人员和设备，必然会导致窝工现象和机械浪费从而使人工费、机械费增加；如果材料管理人员堆放材料不合理，必然会导致材料二次搬运费的增加；如果技术人员为了保证工程质量，采用了可行但不经济的技术措施，必然增加质量成本。

（二）成本预算编制不科学，缺乏可操作的控制依据

项目成本的控制要依据一定的标准来进行，工程项目作为建筑施工企业的产品，由于其结构、规模和施工环境各不相同，各工程成本之间缺乏可比性。因而，如何针对单项工程项目制定出可操作的工程成本，控制依据十分关键。工程项目成本管理与一般产品成本管理的根本区别在于，它的目标成本管

理是一次性行为，管理的对象只有一个工程项目，随着这个项目的完工而结束其历史使命，不管该工程项目的目标成本是否合理仅在此一举，再无回旋的余地。因此可见，编制成本预算，制定出合理的成本控制目标是关键。

（三）忽视质量成本和工期成本管理与控制

质量成本是指为了确保满意的质量而发生的一切必要费用，以及因未达到质量标准而蒙受的经济损失。长期以来，我国施工企业未能充分认识质量和成本之间的辩证统一关系，习惯于强调工程质量，而对工程成本重视不够。工期成本是指为实现工期目标或合同规定的工期而采取相应措施所发生的一切费用。工期目标是工程项目管理三大主要目标之一，施工企业能否实现合同工期是取得信誉的重要条件。工程项目都有其特定的工期要求，保证工期往往会引起成本的变化。

（四）施工企业忽视材料成本管理

依据施工企业的经验数据，施工过程中耗用的构成工程实体的原材料、辅助材料和周转材料摊销等费用所构成的材料成本约占整个工程成本的55% ~ 70%，因此，控制好材料成本对工程成本的降低至关重要。然而，在材料管理中存在许多问题，主要表现在缺乏详细的材料成本预算和控制分析，对材料成本的会计核算和内部审计不健全、不完善，造成材料购进、使用、库存账实不符等。

四、改善工程项目成本管理的对策

（一）科学编制成本预算，落实目标成本

实行成本管理的关键是科学合理地编制工程项目的成本预算，以便既能有效地控制成本费用，又能保护好员工的积极性。预算成本的编制原则是根据优化后实施的施工方案和现场合理布局的劳动组织及机具配套，确定工程数量和测算费用标准。特别要注意的是单项工程项目的计量方式、计量标准、费用构成的规范和统一。项目部的间接费用按全额控制的要求，根据测定的产值比例计算并下达给各业务部门进行控制。工程项目成本包括直接成本和间接成本，要分别将直接成本和间接成本层层分解，量化到管理和施工的每一环节，使施工过程中每一岗位的成本责任清晰，利益明确，从而使成本管理全额量化。直接成本的控制是降低成本的关键，直接成本应从人工、材料和机械三个方面加强控制，按核定的成本计划落实到各个部门和员工的头上。间接成本的支出与施工虽无直接关系，但管理人员减少，各项间接费用压缩，也可以降低项目的总体管理成本。

（二）在质量成本和工期成本管理上要效益

正确处理质量成本中几个方面的相互关系，即质量损失、预防费用和检验费用之间的相互关系。采用科学合理、先进实用的技术措施，在确保施工质量达到设计要求的前提下，加强控制，尽可能地降低工程成本，每道工序要严格按照质量规范的要求施工，尽量避免和减少返工、报废等造成的损失。工期成本管理的目标是正确处理工期与成本的关系，使工期成本的总和达到最低值。工期成本表现在两个方面：一方面是项目经理部为了保证在合同确定的工期内完工而采取措施的费用；另一方

面是因为工期拖延而导致的业主索赔成本，这种情况可能是由于施工环境及自然条件引起的，也可能是内部因素所造成，如停工、窝工、返工等，由此所引起的工期费用，可称其工期损失。企业必须正确处理工期成本的两个方面的相互关系，即工期措施成本和工期损失之间的相互关系。在确保工期达到合同条件的前提下，尽可能降低工期成本，切不可为了提高企业信誉和市场竞争力，盲目抢工期、赶进度，造成项目成本增加，导致项目亏损。

（三）加强对材料的管理

材料采购成本是材料成本管理中最重要的一关。施工企业应当按照规定，对钢材、水泥、木材、砂、石、沥青等主要材料和其他一些批量大、价值高的物资的采购应实行招投标采购，通过供应商的相互竞争，从而大大降低材料成本。要建立材料验收及出入库控制的严格程序和手续。每次验收都应由两人以上共同进行，应广泛采用电子磅秤计量，摒弃手工开票；严格材料出入库手续，实行岗位分离，互相牵制。对包工不包料的工程，材料的出入库要严格办理手续，按实际用量出库，防止承包人损失浪费。加强对库存材料的核算检查，对各种材料应设置"库存材料"进行明细核算，每笔账务处理都要有完整、齐全、合理的单据，定时进行实物盘点，做到账实相符。

（四）建立规范的责权利相结合的成本管理模式

分清管理层次，明确考核指标。由于施工企业的规模大小不同，管理层次的多少亦各不相同。较小的企业一般实行企业对工程项目的垂直管理，即企业管理工程项目经理部；较大些的企业大多数实行分公司对工程项目的垂直管理。在责权利明确的基础上，为了调动各责任者的积极性，还要结合成本分析，对各个阶段进行考核。企业应结合管理特点对工程项目考核的时间、设定方法作出规定，期间费用的考核应以日历期间划分。按时间分阶段考核，可根据分析期末成本报表内容进行考核，考核时不能局限于报表中的数据，还要结合成本分析资料、成本管理和施工生产的实际情况作出正确评价，以对下一阶段的工作起到纠偏、鼓励的作用。待工程完全结束后，应及时对责任者进行最终考核，对各阶段考核出现的偏差进行修正。在考核的基础上对任务完成较好者给予奖励，对较差者给予惩罚，以突出奖惩制度的刚性。首先，要强调奖罚兑现的及时性，决不能延期兑现；其次，要突出政策的刚性原则，该奖多少或罚多少，应不折不扣地执行制度的规定。

五、工程项目成本管理的要点

（一）引入风险管理理念，建立全员成本控制体系项目

目前，许多建筑工程公司在工程项目管理上都是采用项目经理承包或实行经济责任考核制，项目的盈亏一定程度上取决于项目经理的个人素质，结果往往出现包盈不包亏的情况。这也容易导致项目的经营者对项目成本控制不够重视，或根本就不知道该从哪一方面进行控制。而项目经理是公司法人在工程项目上的委托代理人，对工程项目成本控制负有全面的责任，因此，必须建立以项目经理为核心的成本控制体系。同时，项目部的员工由于项目成本与自己的切身利益并无太大关系，也会表现出对成本管理漠不关心，于是成本控制就会流于形式。因此，要从根本上去除这种运营机制的弊端，就必须引入风险经营的理念，增强项目盈亏与项目经理以及个人利益结合的紧密程度，坚持成本一票否决制度，牢固树立"成本第一"的管理理念。

（二）做好成本预算工作，推行目标责任成本控制

建立工程项目成本预算评估制度，科学合理地确定各项目标成本指标，是工程公司成本控制的又一重要特征。项目开工就必须由公司建设管理委员会、项目经理、工程建设部以及财务部负责人等组织有关职能部门和相关建设人员，对项目建设成本进行客观、公正的评估。通过对报价成本与预算成本的对比分析，预测出项目经营期的经营效益，从而合理地确定项目的目标责任成本。同时，根据项目预测的各项评价指标，将目标责任成本进行分解，建立从总工程师→项目经理→各建设职能部门→施工处→班组、个人的目标责任体系，按奖罚对等的原则，实行重奖重罚，真正将目标责任管理落到实处。

（三）严格工程施工招标控制，降低成本

为确保工程质量及降低采购成本，所有建设项目工程施工一律实行招投标方式。首先公司应成立招标委员会，做到内部人员分工职责清晰，确保招标过程的公平、公正、公开，提高招标的透明度；其次招标委员会应筛选施工公司，并编制工程施工招标书及相关说明文件。由审计部负责编制工程造价预算，招标委员会核心人员确定工程造价

标底,即可向施工单位发出投标邀请书;同时,公司招标委员会要组织施工公司按规定时间投标,做到投标书必须按投标时间和标书要求进行一次性报价,不得涂改,并做好密封工作。大项施工工程应要求施工单位缴纳履约保证金;最后招标委员会按设备招标的相关程序及要求对施工工程项目进行开标、评标、中标、签订中标合同等工作。签订的合同在工程管理部、财务部、审计部备案,并在招标工作完成后,将招标资料正式移交工程管理部。

(四)落实合同成本责任制,建立合同成本控制体制

项目在施工过程中要签订各种各样的合同,不但合同的涉及面很广,合同签约方的身份也很复杂,稍有不慎,就会使自己陷于被动甚至增加额外的成本。因此,合同成本的控制管理尤为重要。

1.建立、完善新型的合同成本控制体系,健全项目部各职能部门和各类员工之间相互监督、相互制约的成本管理机制。

2.实行"以收定支"的绩效考核原则。

3.建立合同台账统计、检查和报告制度,为项目经理部做出管理决策、费用索赔、决算等提供依据。同时,合同成本管理对项目部人员素质要求很高,要求熟悉建筑法规,尤其是经济合同方面的知识,掌握成本收支内容和市场价格信息以及建筑施工索赔等,才能充分发挥合同成本控制所带来的潜力。

(五)建立完善的采购制度,加强材料成本的控制

在建设工程中材料成本一般占到整个工程成本的60%~70%,材料采购是公司物资管理的重要环节。搞好材

料成本控制对降低项目成本,提高经济效益有重要作用。一般做法是要按量价分离的原则,为此需要做好3个方面的工作。其一是对材料价格的控制,首先对市场行情进行调查,在保质保量的前提下,货比三家,择优购料;其次是合理组织运输,就近购料,选用最经济的运输方式,以降低运输成本;再就是要考虑资金的时间价值,合理确定进货批量与批次,尽可能降低材料储备,减少资金占用。对于消耗量大的材料,必须采取招标竞价采购的方式,根据报价、质量、售后服务等情况,择优选择资信较好的材料供应商,签订合同,长期合作。

(六)加强质量成本、安全成本的控制

质量成本是建设工程项目为保证和提高工程质量而支出的一切费用以及未达到质量标准而产生的一切损失费用之和。要想实现最低质量成本就必须严格按照施工组织设计进行施工,严把工程质量关。各级质量自检人员要定点、定岗、定责,把加强施工工序的质量自检和管理工作真正贯彻到整个施工过程中,采取各种防范措施,消除质量通病,做到工程一次成型,一次合格,尽量避免窝工、返工带来的损失。同时,项目建设工程公司必须采取一定的安全施工措施并配备专业的项目安全管理人员,提高工程项目的安全率,避免增加额外的不必要的工程成本,从总体上达到控制项目成本的目的。

(七)加强项目支出会计核算

从财务方面加强对成本的控制是工程公司项目成本控制的一个关键环节。一般来说,项目经理和各层管理人员对财务知识了解甚少,这就需要财务人员

通过对各种成本数据的搜集、整理、分析等得出相应的成本控制绩效的财务指标,以成本报表的形式定期地报送项目经理及各层管理人员,必要时还需做出相关的文字说明。这样可使管理层通过对各类指标的对比发现当期成本增加的原因,以便进一步制定下期成本控制的有效数据。同时,项目的财务部门也应对项目各项支出进行严格的审核,确保把各类成本费用降至最低。

(八)加强建设项目资金管理控制

建设项目审批后,工程管理部将立项报告及建设项目资金预算报送财务总监及财务部备案。项目前期开发费合同或协议及各项工程建设合同均应在财务部、审计部备案,作为支付款项的根本依据。同时工程管理部每月应编制资金预算、工程付款进度表、建设项目月度计划表报送财务总监、财务部、审计部及其他相关部门备案。而财务部应重点对每笔工程款的支付严格把关,在支付工程款时要求现场工程管理人员首先提供符合工程进度及质量的报告,由工程管理部经理审核,项目负责人审批后报主管工程副总审核,最后根据审计部审核工作量及预算结果,由审计副总及财务总监核准报总经理审批后方能支付款项。

参考文献

[1] 成虎,陈群.工程项目管理 [M].北京:中国建筑工业出版社,2015.

[2] 鲁贵卿.工程项目成本管理实论 [M].北京:中国建筑工业出版社,2015.

[3] 吕佳丽.建设工程监理如此简单:施工现场监理 [M].武汉:华中科技大学出版社,2015.

紧跟行业发展趋势，积极谋划转型升级

——对外援助成套项目全过程工程咨询服务实践

段宏亮　　徐慧

北京兴油工程项目管理有限公司

摘　要：2017年国务院办公厅发布《关于促进建筑业持续健康发展的意见》（国办发〔2017〕19号），从国家层面大力推进全过程工程咨询。北京兴油工程项目管理有限公司和中国石油集团工程设计有限责任公司联合体在2015年获得商务部对外援助成套项目管理资格以来，相继参与了多项对外援助成套项目的管理任务。鉴于商务部推行的对外援助成套项目管理模式与目前国家大力推行的全过程工程咨询有异曲同工之处，本文结合北京兴油工程项目管理有限公司所参与的对外援助成套项目管理实践，简单介绍了援外成套项目管理模式发展历程及对于推动发展全过程工程咨询可资借鉴的做法和理念，以期为监理行业转型升级及"走出去"与国际接轨并积极参与"一带一路"建设提供有益的帮助。

关键词：对外援助成套项目　全过程工程咨询

一、对外援助成套项目管理模式发展历程

对外援助是中国特色大国外交的重要手段，对于推动构建人类命运共同体及建设"一带一路"发挥着重要作用。自1950年中国开展对外援助工作以来，对外援助成套项目的管理模式在探索中不断完善发展，其发展历程大致分为4个阶段：第一阶段从20世纪50年代至20世纪80年代，对外援助成套项目是在计划经济体制下实施的；第二阶段从20世纪80年代至2012年，中国实行改革开放政策并逐步建立起市场经济体系，对外援助成套项目也一直遵循国内建设领域有关法律法规和做法，采用设计、施工、监理等多个主体"分权实施、相互制衡"的管理模式，但是这种管理模式存在实施主体过多、效率不高、权责不清等缺陷；第三阶段从2012年至2015年改革阶段，鉴于对外援助成套项目管理模式在第二阶段所存在的诸多弊端及缺陷，商务部广泛调研港澳地区及西方国家项目管理模式，积极探索新的管理模式，不断完善管理方法，尝试国际通行的项目管理模式。第四阶段从2015年至今，商务部正式发布《对外援助成套项目管理办法》（商务部令〔2015〕第3号），要求在对外援助成套项目中推行"项目管理＋工程总承包"的管理模式，即援外成套项目在通过国家立项审批后，由项目管理企业承担项目的专业考察、工程勘察、方案设计、深化设计和全过程项目管理任务，这种管理模式同国际上先进的管理模式接轨，也与国务院办公厅"19号文"提出的发展全过程咨询的要求是吻合的。

二、对外援助成套项目管理模式与全过程工程咨询的关系

（一）工程咨询、工程项目管理及工程监理的工作范围

在FIDIC合同中，向甲方提供的产品和服务可以分为3大类：施工承包、材料设备供应和工程咨询。向甲方提供的服务除施工承包、物资供应以外

都可归入工程咨询范畴，例如设计也属于工程咨询范畴。工程咨询按其提供服务的性质可划分为工程技术咨询和工程管理咨询两大类。工程技术咨询包括勘查、规划、设计以及设计审查等；工程管理咨询可以概括为工程项目管理，其工作内容包括项目前期策划，以及项目设计过程、招标过程以及施工过程的项目管理。在国内习惯上把项目前期的项目建议书和可行性研究等工作称为工程咨询，实际上项目实施阶段的工程监理、招标代理、造价审计等也属于工程咨询的范畴[1]。

根据美国项目管理协会的定义，创造独特产品，提供独特服务或为达到独特目的所作的一次性努力都需要项目管理，美国 PMP 认证委员会主席 Paul Grace 说："在当今社会中，一切都是项目，一切也将成为项目。"因此建筑业、信息业、制药业、军事领域等都广泛进行项目管理。而工程项目管理属于广义项目管理的一部分。在工程项目中，参与各方都需要项目管理，但业主方的项目管理是一个项目的项目管理核心。业主可以自行进行项目管理，也可以委托第三方进行全方位、全过程或部分项目管理。对业主方来说，委托的工程项目管理是工程咨询的一部分，其服务范围包括项目前期策划、项目建议书、可行性研究、设计过程的项目管理、招标代理、工程监理、造价审计等，不包括设计，但包括设计过程的项目管理。

国外没有与工程监理完全一致的概念，其工作内容接近于国外的工程项目管理，但偏重于施工阶段的质量控制。真正称得上中国项目管理的开始应该是利用世界银行贷款的项目——鲁布革水电站。1984 年在国内首先采用国际招标，实行项目管理，随后我国的许多大中型工程相继实行项目招投标制度、法人负责制、合同承包制、建设监理制等。因此工程监理属于工程咨询的一部分，属于业主方项目管理的一部分。

（二）对外援助成套项目管理与全过程工程咨询的工作范围

住房和城乡建设部《关于征求推进全过程工程咨询服务发展的指导意见》（建市监函〔2018〕9 号）明确全过程工程咨询服务的定义为对工程建设项目前期研究和决策以及工程项目实施和运行（或称运营）的全生命周期提供包含设计和规划在内的涉及组织、管理、经济和技术等各有关方面的工程咨询服务。全过程工程咨询服务可采用多种组织方式，为项目决策、实施和运营持续提供局部或整体解决方案[2]。

对外援助成套项目实行"项目管理＋工程总承包"的管理模式，在通过国家立项审批后，在 P-C 模式下项目管理企业承担项目的专业考察、工程勘察、方案设计、深化设计和全过程项目管理任务，由于对外援助成套项目立项及可行性研究涉及中国与受援国政府间换文等内容，因此援外成套项目前期的立项及可行性研究工作一般由通过商务部援外司资格招标的单位单独承担（如承担援外项目立项可行性研究的单位也通过了商务部援外成套项目管理企业资格招标，也可承担后续项目管理任务）。

综上，对外援助成套项目管理模式中项目管理企业工作范围与国家推行的全过程工程咨询服务的工作内容非常接近。从狭义上来说，P-C 模式下项目管理企业所开展的对外援助成套项目

管理就是全过程工程咨询服务。

三、对外援助成套项目管理模式可资借鉴之处

（一）以联合体方式参与全过程工程咨询

全过程工程咨询的实施某种程度上就是要对碎片化的咨询服务内容进行整合。国家鼓励具备条件的企业通过并购、重组、联合等方式进行整合，提高整体咨询服务能力，但同时也应当鼓励部分企业做精、做强某一项或某几项工程咨询业务，形成核心竞争力和企业特色。由于历史原因，我国大多数传统工程咨询企业的业务范围较多集中在工程建设某一阶段，直接将某一类咨询企业转型为全过程工程咨询企业的现实难度较大，可考虑在实施全过程工程咨询前期通过联合体、联合经营等方式，逐渐拓宽经营资质，打开市场积累业绩和经验。在积累一定的工程业绩和经验后，通过企业并购、重组、合作、参股来延伸产业链，补齐资质、资格短板，最终覆盖建设全过程。

对外援助成套项目实行"项目管理＋工程总承包"管理模式，该模式下由项目管理企业承担项目专业考察、工程勘察、方案设计、深化设计和全过程项目管理任务，这样就要求承担项目管理任务的项目管理企业同时具有工程设计资质及工程监理资质，因此商务部要求工程设计单位与项目管理单位（监理单位）组成联合体承担项目管理任务。自 2015 年商务部对外援助成套项目管理模式改革至今，已经有多家项目管理企业以联合体的方式参与了国家多个对外援助成套项目管理工作，并取得

了良好的工程实践，这对于推动监理行业转型发展全过程工程咨询提供了良好的借鉴作用。

（二）善于"引进来"和"走出去"

2017年党的"十九大"胜利召开，习近平总书记宣告中国特色社会主义进入了新时代。在国家改革持续向纵深方向推进及科技飞速发展的大环境下，监理企业要善于引进新工具、新思维、新模式，引进国际惯例、国际规则，同时更要善于走出去向优秀先进的咨询公司学习、合作，向行业领航者靠拢。商务部在2015年以前就广泛调研国际和港澳地区的先进经验和成熟做法，同时委托天津大学及中咨协会等根据我国援外成套项目的特点，参考FIDIC合同条件、世界银行贷款项目采购指南以及我国国内工程标准合同条件，组织编制了《对外援助成套项目管理任务实施合同（标准文本）》《对外援助成套项目工程总承包任务实施合同（标准文本）》（均区分"P-C"和EPC模式）等合同文本。同时在项目实施过程中，也鼓励项目管理企业将部分设计任务分包给受援国当地具有设计资质及能力的单位开展对等合作，促进技术及文化交流，提高设计质量。

作为中国石油集团工程股份有限公司所属的大型项目管理企业之一，北京兴油工程项目管理有限公司在2010年率先由监理企业转型升级为项目管理企业，并承揽了众多项目的全过程工程项目管理服务，积累了丰厚的全过程工程项目管理经验。2015年又通过商务部对外援助成套项目管理企业资格认定，并以联合体的方式承担了多项对外援助成套项目管理任务。北京兴油以建设具有国际竞争力的工程项目管理服务商为目标，大力实施高端化、国际化和专业化战略，坚持以市场为中心，以客户需求为导向，着力形成PMC、咨询核心业务快速发展，监理基础业务稳定发展，特色业务创新发展的格局。北京兴油善于走出去与国际先进咨询公司开展业务交流及项目合作，引进新的管理理念和信息化的项目管理方法，目前已经培养了一批具有关注项目全过程管理理念的高素质咨询人才，这对于公司继续以合作、联合体等方式发展全过程工程咨询，打造具有国际竞争力的"全过程"、"集成化"、"一站式、菜单式"的工程咨询服务商奠定了坚实的基础。

这是一个合作共赢的新时代、一个资源共享的新时代，也是一个优势互补的新时代。一个人能够与多少人合作，就能成就多大的事业；一家企业能与多少企业合作，就能成就多大的平台。

（三）引入工程职业责任保险制度

对外援助成套项目具有高度的政治敏感性，在项目执行过程中，项目管理企业不但需要处理好中方业主和外方业主提出的合理要求，让项目设计、施工能有效衔接起来，同时还要处理好中国技术规范和设计标准与受援国技术规范和标准的关系。项目管理企业在援外成套项目实施过程中面临较大的风险，尤其是设计责任风险引起的项目变更。如果不能有效转移风险，这将给项目管理企业执行项目带来巨大挑战。援外成套项目涉及的风险因素主要包括政治外交风险、业主责任风险、不可抗力风险、设计变更风险和经营性风险等5类。其中政治外交风险和业主责任风险由商务部以直接补款方式承担；不可抗力风险由商务部通过工程保险的方式承担保险责任范围内风险，超出工程保险责任范围的不可抗力风险由工程总承包企业在风险预涨费项下自行承担，并纳入投标报价竞争；经营性风险由工程总承包企业在风险预涨费项下自行承担；因勘察设计或勘察设计管理失误、缺陷、错漏等对项目实施造成的影响，由此造成的损失和成本增加一律由承担勘察设计任务的项目管理企业承担[3]。援外项目涉及的具体风险类型、承担主体及承担方式如图2所示。

项目管理企业在承担援外成套项目管理任务过程中由于自身责任导致的

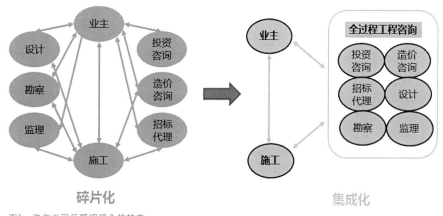

图1 咨询工程师管理理念的转变

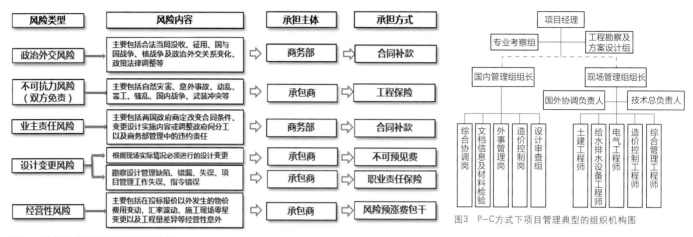

图2 对外援助成套项目风险管理及分担

图3 P-C方式下项目管理典型的组织机构图

经济损失，由项目管理企业自行出资承担。如无力承担，可以通过职业责任保险承担。商务部按照"政策性保障、市场化运作"的原则引入了职业责任保险制度。职业责任保险用于承担项目勘察设计和项目管理的职业责任，由责任企业作为投保主体，商务部为保险受益人，保险费用由责任企业承担。中标对外援助成套项目管理任务的项目管理企业应在签订合同前提交以商务部为受益人且覆盖其承包责任范围的职业责任保险，并承担保费[4]。

监理行业转型发展全过程工程咨询，涉及的项目建设阶段及建设过程更多，承担的风险相应也更大。因此在开展全过程工程咨询任务前有必要借鉴商务部职业责任保险制度，做到风险的合理分担及预防。

（四）致力建立一支全能型、复合型、职业化的人才队伍

监理行业的发展离不开人才队伍建设，人才是行业前进的储备力量和内生动力，监理企业转型全过程工程咨询的进程中留住、培育、用好人才是转型成功的必要前提。特别是全过程工程咨询服务涉及面极广、涉及内容多、涉及专业深，从事咨询服务人员必须熟练掌握建设工程管理全寿命周期各个环节的相关知识。如何建设全能型、复合型的人才储备机制是任何一个咨询企业需要花大力气研究的重要课题。培养熟悉建设管理相关法律法规、规范标准，而且对政治、经济等领域的知识有所了解、在专业技能方面达到相应的资质等级的高素质职业化人才队伍，需要在执行全过程工程咨询服务过程中认真梳理工程咨询人员应具备的专业能力，研究如何通过建立科学高效的全过程工程咨询项目组织机构及合理的职能分工来培养具备相应业务能力的咨询工程师。

援外成套项目实行"项目管理＋工程总承包"的实施方式，在P-C方式下项目管理企业需要承担成套项目的专业考察、工程勘察、方案设计、深化设计（以下合并简称勘察设计）和全过程项目管理任务，在执行援外成套项目管理任务时项目管理企业需要成立的典型项目管理组织机构及需要安排的工程师如图3所示，监理企业转型开展全过程工程咨询业务建立组织机构及配备专业咨询工程师时可予以参考。

结语

全过程工程咨询服务在国际上已有多年实践经验，已经成为一种成熟的模式，也是国内监理行业发展的必然趋势。全过程工程咨询的强力推进，必将给监理行业及企业带来深刻的影响与变革。希望本文分享的对外援助成套项目管理经验能够起到抛砖引玉的作用，也祝愿监理行业的广大企业能牢牢抓住国家大力推进全过程工程咨询的机遇，积极谋划转型发展之路，迎接行业和企业发展的新时代。

参考文献

[1] 张中，乐云，王科. 工程咨询、工程项目管理以及工程监理三者的关系 [J]. 建设监理，2006.
[2] 住房城乡建设部. 关于征求推进全过程工程咨询服务发展的指导意见（建市监函〔2018〕9号）.
[3] 商务部. 援外成套项目风险承担机制综合改革方案.
[4] 商务部. 对外援助成套项目管理办法（试行），商务部令2015年第3号.

以项目管理思维开展全过程工程咨询

周俭

贵州三维工程建设监理咨询有限公司

摘　要：本文以全过程工程咨询的发展现状为切入点，通过在已开展全过程工程咨询服务工作中的摸索，站在监理企业的角度探索如何采用"1+N"的模式，将项目管理思维应用到全过程工程咨询，提出在全过程工程咨询服务中实行项目经理责任制，加强对BIM的应用及加强监理和设计工作的有效搭接，以期对监理企业的转型升级及全过程工程咨询的推广使用提供借鉴。

关键词：全过程工程咨询　1+N　项目管理　转型升级

一、工程咨询的发展现状

近年来，随着国家投资体制的改革、国务院机构改革，我国形成了对咨询行业分阶段、分部门管理的格局。建设项目各阶段之间具有紧密的承接关系，多阶段、多主体的建设方式使各项咨询工作时而相互制约，时而产生空白地带。信息不对称、流通断裂或信息孤岛的现象在不同阶段咨询搭接时经常发生，导致传统形态的工程咨询服务需求增长乏力。

为进一步完善我国工程建设组织模式，推动我国工程咨询服务行业的转型升级，提高工程建设质量和效益，国家相继出台了《关于促进建筑业持续健康发展的意见》（国办发〔2017〕19号）《关于开展全过程工程咨询试点工作的通知》（建市〔2017〕101号）《关于征求推进全过程工程咨询服务发展的指导意见（征求意见稿）》（建市监函〔2018〕9号）等文件。2017年住建部选取了40家企业开展全过程工程试点，提出了开展全过程工程咨询的工作重点包括培育全过程工程咨询市场，建立全过程工程咨询管理机制，提升工程咨询企业全过程工程咨询的能力和水平，建立全过程工程咨询服务技术标准和合同体系。

二、"1+N"的项目管理思维

全过程工程咨询服务即全过程一体化项目管理服务，是背负着解决传统"碎片式"咨询服务中出现的目标不够统一、信息传导失败、管理出现裂缝等问题，修复不同阶段之间界面的接触及对接问题。所以全过程工程咨询服务不仅是将全生命周期中监理、造价、招标等"N"个专业咨询服务进行叠加，重点在于将各阶段的业务有机整合一体，着眼于建设项目的总体价值，全面提升自身服务的标准、能力、理念，对项目建设的整个过程进行系统优化。因此，以实现围绕业主的项目建设目标进行"1"的整合，"N"个专业咨询的集约化项目管理尤为重要，是全过程工程咨询的核心灵魂。

三、案例分享

（一）项目简介

贵州省贵阳市某产业园项目，总投资约200亿元；规划范围用地总计为1127亩。

（二）工作战略

1. 提高重视——由集团董事长挂帅，积极推动全过程工程咨询。

2. 补短板——与贵阳市某设计公司签署战略合作协议及建立专家库。

3. 组织结构调整——组建级别高于各专业咨询部门的全过程工程咨询项目部。由"大项目经理＋若干项目助理"组成职业项目经理人团队，由该团队去整合其他业务板块，其他业务板块同时具备各自项目团队。

4."1+N"模式

解决"1"的问题：采用"大"项目经理责任制，建立全过程工程咨询项目部，培养输送职业项目经理；

解决"N"的问题：前期由高层领导亲自挂帅指挥，定期召开项目协调会，待各业务领域磨合顺畅、建立服务意识之后，逐步形成大项目经理指挥的长效机制。

（三）"大"项目经理责任制具体做法

"大"型项目管理团队较各专业咨询板块具有的项目管理团队层级更高管理工作更复杂的特点。

公司采用矩阵和项目型混合组织结构，针对这个项目，在集团公司的全过程工程咨询业务范围内，组建级别高于各专业咨询部门（或子公司）的全过程工程咨询项目管理部，在企业内部选拔技术能力、沟通能力、创新能力较强，工作经验丰富的职业经理人进入该部门，为项目匹配投融资、前期策划、报建报批、财务测算、现场项目管理等专业拔尖人才，重点培养输送全过程工程咨询项目的项目经理和项目经理助理。签订全过程工程咨询合同之后，任命"大"项目经理，"大"项目经理根据项目的规模大小、繁杂程度和领域划分设立项目组，其他咨询部门根据项目阶段，听从"大"项目经理指令，开展专业咨询。"大"项目经理作为项目牵头人，全面负责项目实施的组织领导、协调和控制。

"大"项目经理相比专业部门（或子公司）负责人对全过程工程咨询项目具有优先指令权。

集团公司全过程工程咨询业务能力以外的工作，以与其他公司组成联合体的模式参与。借助其他专业公司成员的力量，取长补短，发挥自身的核心优势，实现跨行业之间的联合，实现资源的有效配置，减少单个企业的建设成本投入和风险，实现费用分摊、风险共担。

（四）服务内容

传统单项咨询服务内容包括前期决策咨询、审批手续办理、勘察、设计、招标代理、造价咨询、监理等。

实际服务内容有实施方案（包含投融资、法律、税务、组织结构等）、联合竞买土地方案、项目公司组建方案、合作条件测算、招标采购、市场调查分析、设计方案审查及优化等，可见全过程工程咨询远不止建筑工程领域。在这一点上，我们与业主方对全过程工程服务范围的认识也存在偏差。

四、全过程工程咨询实践重难点探讨

运用"1+N"的项目管理思维开展全过程工程咨询需要解决两个问题："1"如何提高集成化项目管理能力和积极性的问题；"N"具体融合哪些单项咨询服务内容，如何管理界面融合的问题。

"1+N"模式要在做好"N"项咨询工作基础上，重难点在于协调"1"的作用，运用综合智力策划、集成化服务实现项目统一目标的增值服务。

（一）"大项目经理"制的责权——"1"的问题

无论是大型项目公司的内部项目经理制，还是联合体下牵头企业项目经理制，都应适当调整项目经理的责权，才能更好地展现牵头作用。一是费用保障，内部项目经理薪酬奖励应高于其他专业咨询部门，联合体的项目经理企业应按一定比例计取总包项目管理费，《广东省建设项目全过程工程咨询服务指引（咨询企业版）》有明确提到全过程工程咨询服务计费方法可采用"1+N"的叠加计费模式，文件明确"1"的收费标准，建议全国推广。二是制度保障，项目经理对参与的其他专业咨询部门或公司，有考核的权利及咨询费支付的权利。三是思想的转变，相关专业咨询机构要在参与全过程工程咨询时转变观念和定位，要摒弃看重自身目标、秉持牢记项目整体目标的原则，知晓子系统的平稳运转才能更好地辅助全过程工程咨询这个大系统，要服从项目经理企业的指挥管理，服从统一的项目管理制度。

（二）全过程工程咨询服务范围定义——"N"的问题

全过程工程咨询的范围除监理、勘察、设计、招标代理、投资咨询、造价咨询外，还有环评、节能、土地、市政等。业主单位专业能力不一，对全过程工程咨询认识不全面，导致与服务机构理解错位，难以根据项目实施需要合理选择全过程工程咨询服务；招投标时，服务内容较多，难以准确描述，咨询服

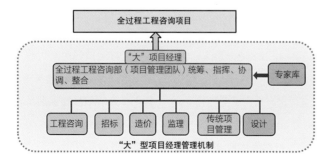

务合同边界条件很难清晰界定；现阶段全过程工程咨询服务收费依据欠缺，各单位投标时报价口径不统一，导致业主所需服务内容与服务收费不对价，影响咨询服务质量。

针对以上问题，建议规范统一全过程咨询的服务菜单，实现业主"1+N"点单式购买服务。其中"1"是指全过程工程项目管理费，"N"包括但不限于投资咨询、勘察、设计、造价咨询、招标代理、监理、运营维护咨询等专业咨询费。

（三）全过程工程咨询招投标困境

根据现行《中华人民共和国招标投标法》《中华人民共和国建筑法》《中华人民共和国政府采购法》，全过程工程咨询所包含的招标代理、造价咨询、设计、

项目阶段	咨询内容	业务委托选择
全生命周期	全过程工程项目管理	
	BIM	
项目决策	投资机会研究分析	
	项目建议书编制	
	产业定位策划或功能研究	
	环境评价	
	地质灾害评估	
	规划设计	
	可行性研究报告编制	
	资金申请报告编制	
	PPP项目咨询	
准备阶段	勘察	
	施工图设计	
	招标代理和政府采购	
	工程造价咨询	
实施阶段	项目管理	
	监理	
竣工验收	竣工验收交付管理	
运营维护	运营管理	
	项目后评价	

监理、勘察等工作在招标方法、启动时间和招标前置条件3方面存在差异和错位情况。工程咨询和招标代理可直接委托，设计、监理、勘察必须进行公开招标，造价咨询可采用政府采购；工程咨询在决策阶段开始招标，造价咨询、招标代理在准备阶段启动；监理、设计、勘察招标的前置条件又是必须完成可行性研究或初步设计。

采用全过程工程咨询，面临如上的困境，建议探索在项目决策阶段进行服务清单招投标，对各专业咨询分别报价，报价可采取结合市场直接报价、收费标准下浮率或按照国际上通行的人员成本加酬金的方式报价。这样方式利于后期实施过程中的考核评价、咨询内容调整及结算的管理。

五、监理单位的转型升级

大部分监理企业见证了监理从最初的受人礼遇的行业，到如今由于受价格恶性竞争、内需乏力、经济增长放缓等因素影响，对监理行业形成了巨大的冲击。在监理单位迫切需要转型升级的形势下，国家、各地方建设主管部门及行业对监理企业发展方向作了相应的引导，鼓励依法必须实行监理的工程建设项目采用全过程项目管理咨询服务。

监理企业开展全过程工程咨询管理具有的优势：优秀的监理公司深谙项目管理之道；监理工作见证了项目生产实现的大部分内容；有些有远见卓识的监理企业在推行全过程项目管理之前就已认清形势，主动发展工程代建制、监管

一体化、全过程工程项目管理等业务模式。将项目管理方法运用到项目不同阶段，监理企业在人才积累和组织配置上为全过程工程咨询业务的开展奠定了良好的基础。

以监理业务为主导的企业应当抓住当下转型创新发展的契机，认清发展全过程工程咨询的大趋势，积极推动全过程工程咨询。

结语

传统建筑行业在过去30多年的发展中，逐渐形成了勘察、设计、施工、监理等各方面责任较为清晰的角色分工和责任体系。在考虑我国国情及市场需求，围绕市场化、国际化的改革方向，需要将项目建设过程中的项目策划、投资咨询、勘察设计、工程监理、成本控制、运维管理等相互融合和渗透。

将项目分解整合的管理方法应用到全过程工程咨询的每一个阶段，配以"1+N"的项目经理责任制，制度上联合，目标上统一，实现项目建设目标的最大化。

参考文献

[1] 王宏海，邓晓梅，申长均. 全过程工程咨询须以设计为主导建筑策划先行 [J]. 中国勘察设计，2017.
[2] 白思俊. 现代项目管理 [M]. 北京：机械工业出版社，2016年.
[3] 陶丽. 建设项目全过程工程咨询的控制要点研究 [J]. 经营管理者，2014，5（24）：301-301.
[4] 杨学英. 监理企业发展全过程工程咨询服务的策略研究 [J]. 建筑经济，2018，3（39）：9-12.
[5] 皮得江. 全过程工程咨询解读 [J]. 中国工程咨询，2017，（10）：17-19.

从全过程工程咨询两个"征求意见稿"浅析全过程工程咨询试点应采取模式

申长均[1]　王宏海[2]
1.中国建筑西北设计研究院　2.北京筑信筑衡工程设计顾问有限公司

摘　要：本文简要介绍了全过程工程咨询试点文件的基本情况，就国办发〔2017〕19号文与国家发展改革委、住房城乡建设部《关于推进全过程工程咨询服务发展的指导意见（征求意见稿）》进行了对比，简要分析了我国工程咨询服务业的"碎片化"现状，探讨全过程工程咨询试点应采取的模式。

关键词：全过程工程咨询　碎片化

2017年2月21日国务院办公厅印发《关于促进建筑业持续健康发展的意见》国办发〔2017〕19号（简称"19号文"），提出了工程建设的监管体制机制的改进要求，明确了工程建设组织模式调整目标，指明了建筑产业的发展方向，将深化建筑业改革工作提到了新阶段。

一、全过程工程咨询试点文件情况

2017年5月2日住房和城乡建设部《关于开展全过程工程咨询试点工作的通知》率先在全国8个省市40家试点企业开展全过程工程试点工作。2018年3月15日，住建部发出了《关于征求推进全过程工程咨询服务发展的指导意见（征求意见稿）》和《建设工程咨询服务合同示范文本（征求意见稿）意见的函》建市监函〔2018〕9号（以后简称"住建部征求意见稿"）。2018年11月8日，国家发展改革委、住房城乡建设部发布《关于推进全过程工程咨询服务发展的指导意见（征求意见稿）》（简称"两部委征求意见稿"），并要求于2018年11月16日（周五）前将意见反馈。

两个"征求意见稿"的出台，特别是在"住建部征求意见稿"制定者参与的情况下，"两部委征求意见稿"的发布是对"住建部征求意见稿"的补充和完善。

二、"19号文"和"两部委征求意见稿"的对比

在全过程工程试点期间，有必要结合"19号文"的目标与"两部委征求意见稿"确定的试点办法进行探讨，以明晰我国全过程工程咨询应采取的模式。

"19号文"认为，全过程工程咨询业务涵盖在投资咨询、勘察、设计、监理、招标代理、造价咨询等企业中，鼓励这些企业采取联合经营、并购重组等方式发展全过程工程咨询，培育一批具有国际水平的全过程工程咨询企业[1]。"19号文"中的全过程工程咨询，是建筑业的全过程工程咨询，从项目的全生命周期讲主要指工程决策、实施阶段的咨询。全过程工程咨询的试点工作，要解决工程决策和实施过程中咨询服务业的整合与国际接轨问题。

"两部委征求意见稿"将全过程工程咨询划分成

投资决策综合性工程咨询、工程建设全过程工程咨询和多种形式全过程工程咨询服务。以综合性工程咨询促进投资决策科学化，以（工程建设环节）全过程咨询推动完善工程建设组织模式，鼓励多种形式的全过程工程咨询服务市场化发展。并提出了优化全过程工程咨询服务市场环境和强化保障措施的要求[3]。

对比"国办发〔2017〕19号文"和"两部委征求意见稿"，可以发现两大重大区别。其一，关于工程建设组织模式，"19号文"的全过程工程咨询，涵盖了工程决策和实施两个阶段的"投资咨询、勘察、设计、监理、招标代理、造价等"企业业务，在民用建筑项目中，充分发挥建筑师的主导作用，鼓励提供全过程工程咨询服务[1]；"两部委征求意见稿"限定在工程建设环节，从工程建设组织模式中割离出了投资阶段的综合性工程咨询和多种形式的全过程工程咨询服务。其二，与国际接轨，"19号文"要求，培育一批具有国际水平的全过程工程咨询企业[2]；"两部委征求意见稿"则提出，鼓励咨询单位与国际著名的工程顾问公司开展多种形式的合作，通过合作与交流，拓展视野，提高业务水平，提升咨询单位的国际知名度。大型咨询单位应积极吸收国际化人才，构建跨国网络型组织，开拓国际咨询市场，努力实现全球化服务。[3]

三、我国工程咨询服务业现状

从我国目前的情况看，工程咨询业务"碎片化"的分布在勘察设计（含投资咨询）、监理、造价咨询企业当中，重要的项目文件——项目建议书、可行性研究报告、设计文件、施工图预算、招标工程量清单、招标文件、合同文件、建造过程文件、变更和争议处理文件及阶段性成果，分别由不同企业完成。各种文件成果之间存在大量的"信息断层"和不一致，直接导致投资增多、工期延误、建筑品质降低等弊端。"多方责任主体"共同负责，却难以追责，造成业主疲于协调，各干系方内耗加大，国家、项目利益受损[4]。这种"碎片化"咨询服务模式的形成，是我国从计划经济向社会主义市场经济过渡中体制机制博弈过程的产物，已严重阻碍了我国工程咨询服务业的健康发展；严重阻碍了我国工程咨询服务业与国际接轨，不能满足对接一带一路的要求，难以走出去。

四、全过程工程咨询应采取的模式探讨

全过程工程咨询应该怎样试点？是按"两部委征求意见稿"试？传统工程咨询6个业务的叠加？还是1+N（全过程工程项目管理＋单项服务）？怎样避免重蹈建设监理制、项目管理制、和代建制实施效果不理想的覆辙？是全过程工程咨询试点时要考虑的。

（一）按"两部委征求意见稿"试点，难以培育一批具有国际水平的全过程工程咨询企业

"两部委征求意见稿"与"国办发〔2017〕19号文"之间的重大区别，将会严重影响全过程工程咨询的走向。如果按"两部委征求意见稿"实施，决策阶段的工程咨询服务与工程建设阶段的工程咨询服务分别由发改委和住建部负责管理，线路清晰，但打通决策和实施两阶段工程咨询的全过程工程咨询难以形成，工程咨询服务业继续"碎片化"的状态不可避免，工程咨询服务业难以"培育一批具有国际水平的全过程工程咨询企业"[1]，难以与国际接轨。

（二）我国现有条件下，由一个工程或咨询公司完成全过程工程咨询工作是不现实的

全过程工程咨询的本质应当为业主和社会创造价值，减少或消除"碎片化"咨询的"信息断层"和不一致的弊端。从国际上看，全过程工程咨询的最优模式是一个工程公司或咨询公司完成全过程工程咨询所涵盖的全部业务或主导完成工程咨询的主要核心业务。多年来，我国在"碎片化"的咨询服务模式下形成的建筑咨询服务企业和人才，基本上都不具备覆盖全过程咨询服务的能力。勘察设计企业一般不重视造价咨询、招标代理和监理业务；造价咨询和监理企业一般有招标代理业务却没有勘察设计和投资咨询能力。我国在目前情况下，由一个

企业或团队完成全过程工程咨询是不现实的。

（三）全过程工程咨询试点，应紧紧围绕"19号文"确定的目标展开

通过"19号文"与"两部委征求意见稿"的对比分析，笔者认为，全过程工程咨询试点，应紧紧围绕"19号文"确定的目标展开。

应借鉴和参照国际通行规则开展全过程工程咨询服务[2]。第一阶段，开展业务补短板。应当由勘察设计、造价咨询、监理、施工等企业在自身专业咨询服务的基础上，采取联合经营或分包方式主导全过程工程咨询试点业务的展开，即自身专业服务和全过程管理加其他专业服务，而不应当是简单的咨询服务业务叠加或全过程项目管理加专业服务（1+N）。通过试点，培育全过程工程咨询国内市场，积累全过程工程咨询经验，逐步消除工程咨询业务"碎片化"现状，培育出一定数量和能力的全过程工程咨询企业。第二阶段，与国际接轨。完成工程建设组织模式中咨询服务业的转型。

各类企业在试点全过程工程咨询业务时，都要通过开展业务、补短板来实现当设计企业牵头做全过程工程咨询时，设计企业协助业主决策、完成工程设计和全过程管理服务，设计所形成的项目信息通过设计为主导的全过程管理可以有效的传递给造价、招标和监理咨询服务单位，约束施工单位按设计要求施工，并将各阶段信息有效反馈，及时处理实施过程中的问题，提高工作效能。在民用建筑项目中，建筑师负责设计和全过程管理服务，能充分发挥建筑师的主导作用，实质上是与国际接轨的建筑师负责制。此种模式，需要设计企业、建筑师提高自身的项目管理和造价能力。

造价咨询企业牵头做全过程工程咨询时，造价咨询企业自身要完成业主投资控制的目标和以造价为主导的全过程管理服务，勘察设计阶段，有利于开展限额设计和多方案技术经济比较，施工阶段可以利用自身在造价咨询服务时收集的材料、人工等信息，有效开展招标、指导监理和约束施工单位按设计要求施工。此种模式，需要提高造价咨询企业、造价工程师的设计管理、项目管理能力和施工技术管理能力。

当监理企业牵头全过程工程咨询时，监理单位自身要完成项目监理工作和以监理为主导的全过程管理，可以利用全过程管理所掌握的设计和造价信息，发挥施工阶段协调能力强的作用，在实施阶段加强对施工单位的管控，实现业主建设意图。它要求提高监理企业、监理工程师对设计的深入理解，造价管理能力和施工技术管理能力。

当施工企业牵头全过程工程咨询时，施工企业可以利用自身长期施工过程中形成的工程管理和掌握市场价格经验，促进设计单位提高施工图质量，指导施工企业采用合理的施工工艺，合理控制造价，减少现场纠纷。它要求提高施工企业、建造师的设计管理、多方协调能力。当然，基于回避原则，施工企业承接全过程工程咨询业务时，不得承接该工程的建造施工工作。

主持全过程工程咨询的负责人除了掌握自身专业知识外，还要熟练掌握工程建设基本程序，熟悉工程建设相关专业知识，有丰富的工程建设经验，有广泛的资源组合能力和组织协调能力。能统筹协调各参建单位、监管单位各干系方，为工程服务。

结论

全过程工程咨询要紧紧围绕"19号文"，借鉴和参照国际通行规则开展试点。现阶段勘察设计、造价咨询、监理、施工等企业应在自身专业咨询服务的基础上，采取联合经营或分包方式主导全过程工程咨询试点业务的展开，致力于积累全过程工程咨询经验，消除我国工程咨询行业"碎片化"的弊端，与国际接轨。本文仅是对全过程工程咨询的个人理解，不妥之处，请批评指正！

参考文献

[1] 国务院关于促进建筑业持续健康发展的意见. 国办发〔2017〕19号.
[2] 国家发展改革委，住房城乡建设部. 关于推进全过程工程咨询服务发展的指导意见（征求意见稿）.
[3] 关于征求推进全过程工程咨询服务发展的指导意见（征求意见稿）和建设工程咨询服务合同示范文本（征求意见稿）意见的函. 建市监函〔2018〕9号.
[4] 王宏海，邓晓梅，申长均. 全过程工程咨询须以设计为主导，建筑策划先行[J]. 中国勘察设计，2017，（7）.

大数据思维在项目质量管理中的应用

万方勇

广东国信工程监理有限公司

摘　要：本文通过用大数据思维，统计分析某煤化工工程项目监理部发的《监理工程师通知单》中质量问题，运用总体思维、容错思维、相关思维等方式，分析各类质量问题产生的原因，并为监理公司在工程咨询、监理服务业务中，提出有效的预控措施，减少质量问题的发生，保证施工质量。

工程质量问题种类繁多、形形色色，如何运用大数据的统计思维，对工程质量问题进行统计分析，以便找出质量问题产生的原因、发生的频率，采取何种管理办法及预控措施，减少、防止质量问题的发生，是工程质量管理人员应该思考的问题。

某大型煤化工的建设工程过程中，从工程开工至工程终交，监理单位共发出《监理工程师通知单》222 份，下面通过大数据思维，对监理工程师通知单按专业、出现的质量问题类型等进行统计分析，查找出各类质量问题发生的频率、原因，从而在监理企业开展工程咨询、监理服务中，为其他同类型的工程提供一些工程质量管理的借鉴经验，提出有效的预控措施，减少质量通病，杜绝质量事故。

一、按质量问题分类

把 222 份《监理工程师通知单》中的质量问题，逐一对质量问题进行分析、分类及统计，最终确定为 5 大类质量问题，即：不符合规范要求、不符合图纸要求、成品保护及质量问题、施工单位存

在的质量管理问题、不符合业主质量管理规定等，5 大类型的质量问题数量具体情况如下：

说明：由于一个通知单中存在几个质量问题，或一个质量问题，可能存在不符合图纸要求又不符合规范要求；成品保护问题也存在不符合规范及图纸要求等情况，所以按质量问题类型统计的总量为 251，超过《监理工程师通知单》222 份的总数。

下面对以上 5 类质量问题分别进行分析：

（一）质量问题不符合规范要求

从 5 大类质量问题统计中可以看出，质量问题

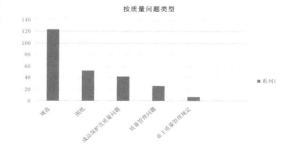

按质量问题类型

规范	图纸	成品保护及质量问题	质量管理问题	业主质量管理规定	合计
124	53	42	26	7	251

序号	规范名称	使用次数	专业	备注
1	《石油化工静设备安装施工质量验收规范》（GB 50461-2008）	4	静设备	
2	《机械设备安装工程施工及验收通用规范》（GB 50231-2009）		动、静设备	
3	《工业金属管道工程施工规范》（GB 50235-2010）	5	工艺管道	
4	《混凝土结构工程施工质量验收规范》（GB 50204-2002（2011年版））		土建	
5	《工业设备及管道绝热工程施工规范》（GB 50126-2008）	6	防腐保温	
6	《自动化仪表工程施工及验收规范》（GB 50093-2013）	14	仪表	
7	《石油化工有毒、可燃介质钢制管道工程施工及验收规范》（SH 3501-2011）	15	工艺管道、焊接	

不符合规范要求 124 条，是 5 大类质量问题中最多的，占总数的 48.8%，接近质量问题的一半。在这些质量问题中，共涉及 37 个规范标准，其中国家标准 20 个，行业标准 17 个。

下面按通知单中规范个数、使用的频率进行统计分类，结果如下：

监理通知单中，单个规范使用次数如下表：

从以上统计情况来看，使用频率较低（1 ~ 3 次）的规范为 30 个，占总数的 81%，使用频率较高（4 次以上）的规范为 7 个，占总数的 19%。由此可以看出，使用频率为 1 ~ 3 次的规范占通知单中使用规范的 80% 以上，这说明施工质量问题多且面广，涉及的规范标准也多。

分类，结果如下：

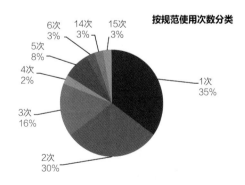

规范使用次数	1次	2次	3次	4次	5次	6次	14次	15次	合计
个数	13	11	6	1	3	1	1	1	37

使用频率较高的 7 个规范如下，其中设备专业 2 个、工艺管道专业 2 个，土建专业一个、防腐保温专业一个，仪表专业一个。

以上 7 个规范使用频率在 4 次及以上，说明施工现场很多施工质量问题与这几个规范有关，相关专业工程师应该重点学习及掌握。在施工现场巡视检查时，应重点关注施工现场是否存在违反这几个规范的质量问题，提前进行预控，防止出现质量事故。

预控措施：标准规范是监理工程师从事监理工作的主要依据，每个监理工程师都应该熟悉本专业的国家标准、行业标准及规范，对规范中的常用数据及标准应该了然于胸，到施工现场进行巡视检查时，对于施工质量不符合规范标准的，应下达监理通知单要求施工单位进行整改，保证施工质量。

（二）质量问题不符合图纸要求

通知单中有 53 个质量问题是不符合设计图纸的要求，具体情况如下：

1. 施工质量问题不符合图纸要求按专业分类进行统计

从以上统计表中可以看出，土建、工艺管道、电气、防腐保温等专业，施工质量不符合图纸要求的问题较多，其他几个专业相对较少。这里说明了两个问题：一是这几个专业存在不按图纸施工的质量问题多，因此这几个专业工程师应该加强对设计图纸的阅读，加强对施工现场的巡视检查，保证工程实体与设计图纸相符；二是这些专业的工程师会

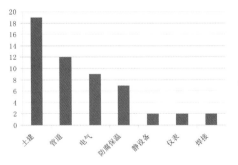

专业	土建	管道	电气	防腐保温	静设备	仪表	焊接
数量	19	12	9	7	2	2	2

认真地去看设计图纸，比较容易发现施工中存在不符合图纸要求的质量问题。

2. 预控措施

设计图纸是监理工程师从事监理工作的重要依据，每个监理工程师都应该认真仔细地查阅图纸。特别是各专业的设计总说明，设计总说明一般都会把本专业的工程概况，施工重点、难点及注意事项，施工技术基本要求及特殊要求，施工验收标准及要求等进行一个说明，是设计图纸纲领性文件，每个工程师应该认真仔细地阅读，重要内容应做好笔记，以便及时查阅。

（三）成品保护及施工中的各类质量问题

1. 成品保护

成品保护是在施工过程中对已完工工程实体或已经安装的设备进行保护、防止工程实体或设备受到破坏或污染，是施工管理重要组成部分，是贯穿于施工全过程的重要工作。成品保护是工程质量管理、项目成本控制和现场文明施工的重要内容。

通知单中，有27份通知单涉及成品保护，占通知单总数的12.2%，可见施工中的成品保护存在相当大的问题，应该引起工程师的高度重视。

各专业成品保护问题清单如下：

专业	土建	管道	防腐保温	电气	动设备	静设备	仪表
数量	7	6	3	3	3	3	2

从以上清单可以看出，土建专业及工艺管道专业成品保护质量问题较多，因此这2个专业的监理工程师应加强施工现场成品保护检查力度。其他各专业也应该做好本专业成品保护工作的检查与保护措施的落实。

预控措施：

专业监理工程师应在成品建成前，就成品保护应采取的方法及措施向施工单位进行交底，让施工单位提前做好成品保护准备工作，重要及特殊的成品应有成品保护方案。成品形成后，就要督促施工单位按成品保护措施及方案对成品进行保护。监理工程师应检查成品保护的质量。

2. 施工中的各类质量问题

此类施工质量问题有15个，主要是一些小质量问题及质量通病等，口头要求施工单位进行整改，但施工单位长期不进行整改。如钢结构焊口的焊接飞溅未清除就进行防腐施工；管托未经防腐就进行安装，安装后与管道接触的部位就不能做防腐，且此类质量问题长期不整改；部分工艺管道未防腐或防腐不合格、部分管线焊缝涂刷防腐底漆后，未进行自检，也未向监理工程师报验，就进行管线保温工作等一些质量通病。由于这些质量问题大部分不涉及图纸及规范，因此归类为各类质量问题。

预控措施：

虽然此类质量问题可能不涉及规范与图纸，但此类问题的发生，反映出施工人员质量意识淡薄、施工单位的质量管理体系运行不正常，对质量控制点未进行有效的检查验收及控制。因此监理工程师要从源头上抓住主要矛盾，必须让施工单体的质量管理体系正常运行，施工质量必须实行自查、互查、专检三级验收制度。监理工程师应检查施工单位质量管理人员数量及资质是否符合规范、中石化总部、建设单位及合同的相关要求，同时监理工程师应督促、检查施工单位三级验收制度的执行及实施情况，防止质量事故的发生。

（四）质量管理问题

将通知单中工程材料未经报验就在工程中使用及安装（主要是保温材料、设备及工艺管道等），测量仪器未经报验就在工程中使用，上道工序未经监理检查验收就进入下道工序施工等情况，归纳为质量管理问题。

在通知单中，有26个通知涉及施工单位的质量管理存在的问题，占通知单总数的11.7%，可见施工单位的质量管理还是存在较多问题，应该引

起项目监理部的重视。此类问题在其他工程建设中也是常见的质量管理问题，在此专门提炼出来进行分析，查找出现产生此类问题的原因，并制订相应的措施减少此类问题的发生。

预控措施：

1. 监理工程师应该根据工程进度及施工计划，提前要求（最好以监理工作联系单的形式）施工单位将防腐保温材料送到施工现场，见证取样送检。产品检验合格后，在材料报验单签字同意使用。

2. 由于压力容器及其他静设备的质量证明文件不能随同设备一起到达现场，在压力容器未办理告知手续的，设备未报验就进行安装的情况下，监理部应向承包商下发监理工作联系单，要求承包商按照《石油化工静设备安装工程施工技术规程》（SH/T 3542–2007）第3.1.6条"从事压力容器安装的施工单位应当按照《特种设备安全监察条例》要求在施工前向特种设备安全监督管理部门办理书面告知，并接受特种设备检测机构的监督检验"规定，尽快办理告知手续。要求承包商按照《建设工程质量管理条例》第十七条"未经监理工程师签字，建筑材料、建筑构配件和设备不得在工程上使用或者安装，施工单位不得进行下一道工序的施工。"规定，尽快对进场设备进行报验，以规避监理的风险。

3. 对于上道工序未经监理检查验收就进入下道工序施工的情况，监理工程师应检查施工单位的质量管理体系运行是否正常，包括质量管理人员数量及资质是否符合相关要求。要求施工单位严格执行三级验收制度，未经监理检查验收不得进入下道工序作业。

（五）质量问题不符合建设单位质量管理规定

通知单中，有7个质量问题涉及违反建设单位的质量管理规定，同时部分也是不符合规范要求的，其主要问题是：部分焊工未报验合格焊工A级质量控制点；二级焊材库未按要求配置合适的焊材保温设施，二级焊材库存在他人代替烘干和发放焊材情况；工艺管道热处理后造成的管线焊缝标识内容灭失、损坏。消防管线焊口无标识等质量问题。

为了督促施工单位严格执行建设单位的质量管

理规定，在施工单位未执行建设单位质量管理规定或违反建设单位质量管理规定时，监理工程师也应该下发监理通知单，要求施工单位进行整改。

预控措施：

建设单位的质量管理规定，也是工程质量管理的重要内容，因此每个专业工程师必须认真学习并熟悉建设单位的质量管理程序及要求，并要向施工单位进行宣贯，以便在工程建设过程中熟练运用及执行。

建设单位的质量管理规定，是随着工程进度有不同的要求，因此，监理工程师应随着工程进程不断地学习、查阅，并经常监督、检查施工单位是否按要求执行。

二、按专业分类

把质量问题按专业分类进行统计分析，可以进一步了解相关专业质量问题的具体情况，使相关专业工程师对此类质量问题有一个直观的认识，以便相关工程师在以后的工程中对此类质量问题进行预控。具体情况如下：

通知单按专业分类

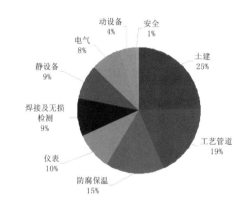

专业	土建	工艺管道	防腐保温	仪表	焊接及无损检测	静设备	电气	动设备	安全
数量	54	42	34	22	21	20	18	9	2

从以上统计数字可以看出，土建专业、工艺管道及防腐保温专业的通知单比较多，这三个专业的通知单之和有130份，占通知单总数的59%。

土建专业是一个大专业，工程量大、施工周期长，施工质量问题历来都是比较多的。本工程工艺管道工程量也比较大，涉及的范围也比较广，因此施工质量问题相对也比较多。

防腐保温专业涉及的施工范围比较广，包括钢结构防腐、工艺管道防腐、劳动保护防腐、钢结构防火涂料施工、设备裙座防火涂料施工、设备及管道的保温保冷施工等。并且设备及管道保冷工程施工工艺比较复杂，要求比较高，但施工人员的技术水平有限，出现的施工质量问题也比较多，所以防腐保温专业通知单的数量相对也多一些。

需要说明一下的是，安全专业只有 2 份通知单，这 2 份通知单主要对施工单位从事一些危险性较大的施工而没有安全专项方案，且监理多次督促施工单位提交安全专项方案未果的情况下，为了督促施工单位尽快提交安全专项方案，并保留监理工程师在 HSE 管理中的痕迹，就向施工单位下发了监理通知单。其实，HSE 工程师已经按照建设单位的相关规定，对于施工现场存在的安全隐患，下发了 219 份隐患整改通知单，对确保工程安全起到了重大作用。

结论

运用大数据的思维，来分析统计工程质量问题，分析各类质量问题产生的原因及相关联的因素，以便在今后的工程管理中，采取相关的管理手段、技术手段、预控措施，减少质量问题及质量通病的发生，杜绝质量事故，是每一个监理企业及工程管理人员追求的目标。

总体思维就是能够更加全面、立体、系统地认识总体状况。本文中将 222 份监理通知单中的工程质量问题分成了 5 大类，目的就是把各类质量问题进行一个整体的归总分类，以便对质量问题进行一个全面系统的分析。

容错思维，就是适当忽略微观层面上的精确度，容许一定程度的错误与混杂，可以在宏观层面拥有更好的知识和洞察力。本文统计的 222 份通知单中，出现了 251 个质量问题，就是把某些单个质量问题，可能违反了几个方面的规定或要求全部进行了统计分析，更全面细致了解质量问题的状况。

相关思维，就是通过大数据技术挖掘出事物之间隐蔽的相关关系，获得更多的认知与洞见。搞好工程质量，不是靠监理工程师多去现场检查，多发现质量问题，而是要通过统计分析这样质量问题现象及产生的原因，来获取保证工程质量的认知与洞见，运用这些认知与洞见就可以帮助我们从技术上、管理上、措施上取得工程管理的先进技术及管理方法。

前车之鉴后事之师，监理企业及监理工程师只有不断地总结工作经验，吸取同类工程的经验教训，运用大数据的智能思维，开发工程管理智能系统，采取先进管理技术、行之有效的管理方法及措施，做好工程咨询及工程管理工作，减少工程质量问题，杜绝质量事故的发生。

"弘扬劳模和工匠精神"，强化企业管理制度与人才培养

赵锐

山西震益工程建设监理有限公司

引言

工程监理在国际上把这类服务称为工程咨询，但在国内工程监理目前概括为服务于业主的项目管理者。既然是服务于业主，那就有服务的到位和不到位的方面，怎么能更好的服务业主、提高企业的口碑，作为一名在这个行业工作了 7 年的 80 后监理，我想提一下自己的想法。

一、以"工匠精神"为前提，培养和使用技术人才

工匠精神在德国被称为"劳动精神"，在美国被称为"职业精神"，在日本被称作"匠人精神"，在韩国被称为"达人精神"。

而所谓"工匠精神"原意为：工匠们用双手精益求精的雕刻着自己的作品，享受着作品在自己手中不断升华的过程。在 2016 年李克强总理的工作报告中也出现了"工匠精神"一词，我理解为"一种职业的精神，是职业道德、职业能力以及敬业、专注、创新的一种体现，是质量的一种保证"。通过解释大家可想而知，企业的职工是否具备"工匠精神"，对企业能否发展壮大起着至关重要的作用。

对于一个企业人才的发觉和培养是扩充自身团队力量的必经之路，在这条必经之路上不能盲目的去选择，如果所选之人虽然能力很强但没有爱岗敬业的精神，大家可以想想，连自己的职业都不热爱，这样的人能热爱自己的企业吗？连自己的企业都不热爱能给企业创造更多的价值吗？所以笔者认为，企业首先要强化自身的企业理念，其次在企业发觉和培养人才时，一定要"稳、准、狠"。稳：不要盲目选择，在平日工作中慢慢观察那些爱岗敬业符合企业理念的职工。准：在发现的这些职工中确定是否真的具备"工匠精神"。狠：一经确认，不论此人职位高低、工龄长短，大胆启用。因为只有具备"工匠精神"的职工在培养起来后才会真心为企业着想，努力为企业创造出更多的价值。

二、建立专业技术考核制度，将职工学习意识化被动为主动

监理这一职业是以合同、法律法规、规范、技术标准以及设计文件等为依据，代表业主从事工程管理的一个行业。在各个专业中监理专业技能是否过硬决定着为业主服务质量的好坏，所以作为一个监理企业应该将提高监理专业技能列为首要任务，比如一些监理企业会采取岗前培训，专业技能培训，带薪学习深造，参加各种培训班等一系列措施，这些方法是必要的。但我认为能让企业员工自己主动去学习要比被动的去安排一些培训效果会更好。但是想要让职工主动去学习来强化技术，企业就要有自己的一套专业技术考核制度。例如公司根据各专业编制考题，成立专门的考核小组，在考题发放前一个月下发各专业考试学习范围，在工资发放前进行考试，偏远

的项目部可以远程视频监考，图片传回答题卷，考试不合格者按百分比扣除当月工资。这样一来不仅能让职工主动去学习，而且提高了职工专业技术，还为考各类职称证书打下基础，最主要的是为更好的服务于业主提供了保障。

三、弘扬劳模精神，建立绩效考核体系

每个企业都应该有自己的管理体系，其中企业的绩效考核体系尤为关键，完善的绩效考核体系是职工工作的动力，也是企业精神面貌的体现；一般的监理企业绩效考核体系有出勤、旷工、事假、迟到早退、加班、是否把控好每道工序、日志的记录、业主的评价等，我认为在一般的绩效考核中还要结合企业的用工制度建立起奖罚标准、辞退标准，晋升标准，充分的体现企业公平和公正的原则，激励职工努力工作；而在绩效考核中也要弘扬劳模精，神树立员工典型，通过树立标杆和榜样，激发员工的动力和明确奋斗方向。

弘扬劳模精神，建立绩效考核体系，只有这样才能促使员工在工作中查找自身的不足之处，才能让员工明白自身的目标与企业要求的差距有多大，才会促使员工不断完善自我提高自身素质向着标杆看齐，也只有这样员工才能提高工作的效率，公司的精神面貌才能有所体现，为业主的服务质量才能有所提高。

四、建立员工待遇标准，为企业留住人才

一个企业建立考核标准、绩效体系的前提是明确员工的待遇标准，高的待遇标准加上考核制度、绩效体系才能充分的发挥员工积极努力工作的一面，企业的运行才能走在发展的道路上，但是如果待遇标准不明确或待遇过低，将可能导致人才的不断流失，绩效考核制度和体系只会加快企业骨干力量的削弱和人才队伍的缩小，而企业基本上永远处在招人难，培养难或为别的企业培养人才，想让企业走上发展的道路更是难上加难。

通过当下形式来分析，许多监理企业想中标一个项目基本上都是要低价中标，为了挣取利润往往会减少监理人员数量和降低待遇标准来实现。过低的待遇标准只能聘用一些廉价的、专业能力不强的人员来为业主服务，而这些愚蠢的做法带来的后果就是为业主的服务质量差，无法保证工程质量，要是发生质量安全事故还要被追究法律责任，可能当下的这个工程就会成为企业的最后一个工程，简直是得不偿失，与此同时过低的用工标准也会使一些想留在这个企业但又迫于生活压力的员工不得不离开这个企业。

笔者认为监理企业想要在这个行业立足和发展，名誉最为重要，它是一面旗，是质量的一个保证，而这面旗能否屹立不倒是靠企业的骨干力量和人才队伍在支撑着，而这股力量的保证就是待遇，这是一套必然的因果关系。所以我认为在待遇上企业应该有一个明确的标准，同时与公司相关制度结合，让努力奋斗的员工向着高的工资待遇奋斗，又让没拿到标准待遇的员工无话可说，例如本地监理工程师待遇 4000 元 / 月，各项考核合格可拿到当月标准工资，每月考核合格年底可拿到奖金，有评选劳模的机会，一旦被评为劳模工资上涨 10%，但考核不过关的每月工资扣发 20% 或更多，出现重大失误或过错的扣发当月工资等。与此同时公司为员工缴纳五险一金，为员工在解决保险的同时也间接的帮助了员工购房的困难。如果有这样的一个标准，企业不愁留不住人才，员工们在激烈地竞争岗位，努力为企业作贡献，企业不怕发现不了人才。

结语

在当今这种竞争激烈、弱肉强食的环境中，如果一个企业能在强化自身体制的同时提高员工的整体素质和能力，那么这个企业就一定能在这个行业里发展壮大并且走的更远。

建设工程监理人才培养研究与实践

沈万岳　王德光

杭州江东建设工程项目管理有限公司

摘　要：通过对现代学徒制的国际和国内各种模式的了解及现代学徒制在浙江省建设工程监理联合学院的实践，分析建设工程监理人才培养现状，从重构现代学徒制人才培养课程体系，实行多方参与考核评价机制，充分利用互联网+创建智慧实操训练，共建师傅团队实现双师共育和推进现代学徒制人才培养保障体系建设5个方面详细阐述了人才培养途径，不断为浙江省监理队伍建设输送新鲜血液。

关键词：现代学徒制　工程监理　人才培养

一、研究背景

国际上现代学徒制比较成熟的模式主要集中在几个经济发达国家，典型模式包括德国"双元制"、英国"三明治"、澳大利亚"新学徒制"、美国"合作教育"及日本"产学合作"等。这5种比较成熟的现代学徒制模式中，除了德国"双元制"与美国"合作教育"现代学徒制模式是企业或工作以外，其他几种模式都突出了政府在现代学徒制中的主导地位。

在国内，2014年2月，李克强总理首次在国务院常务会议上提出要开展现代学徒制试点，当年9月，教育部出台了《关于开展现代学徒制试点工作的意见》，并公布了首批165家现代学徒制试点单位。2015年1月教育部又下发《关于开展现代学徒制试点工作的通知》，现代学徒制的探索工作从此全面启动了，并逐步形成了几种较有代表性的现代学徒制模式。如院校—企业合作模式、院校—园区合作模式、院校—集团合作模式、院校—联盟合作

模式和院校—行业合作模式等。院校—行业合作模式如浙江省建设工程监理联合学院就是采用这一模式。另外，在国家重振"工匠精神"号召下，也出现了一些"院校—大师"合作的现代学徒制模式。

在浙江，现代学徒制是《浙江省教育事业发展"十三五"规划》的一个重要课题。2016年2月，浙江省教育厅等6部门决定在全省开展现代学徒制试点；2016年4月，全省现代学徒制试点培训会在丽水召开；2016年4月7日隶属中国职教学会教学工作委员会的一个全国性学术研究机构，现代学徒制研究中心成立，成立大会（如图1）在杭州召开。2016年8月，我省下发通知，要求2016年全省有1/5及以上职业院校开展现代学徒制试点；2020年实现凡适合现代学徒制形式培养技术技能人才的学校、专业均开展试点，大部分大中型企业及相关行业参与试点[1]。不忘育人初心，牢记职教使命，2017年12月20日，浙江省现代学徒制试点工作经验交流会（如图2）在嘉兴召开。作为党的诞生地、"红船精神"发源地，今天的嘉兴在"红船

图1　现代学徒制研究中心杭州成立大会

图2　浙江省现代学徒制试点工作经验交流会

精神"引领下，在现代学徒制实践探索中逐步建立了校企共建育人机制、共建招生（招工）制度等10大机制。

二、建设工程监理人才培养现状剖析

近几年随着国家经济增速放缓并逐渐进入新常态到如今追求高质量增长，建设行业监理单位用人情况也与以往有较大的不同，在需要专业对口的同时更注重学生能承担监理员岗位工作职责的能力。以下对现有的建设工程监理人才培养在学校、企业、师资力量和政策扶持等方面的现状进行剖析[6]。

（一）学校对建设工程监理专业重视程度不够

因为建设工程监理专业作为小专业，师生规模不大，许多高校还没有这个专业设置。建设工程监理专业课程体系也经常依附于建筑工程技术专业，没有形成鲜明的特色，课程体系往往包括文化课程、专业基础课程、专业课程和专业拓展课程等。文化课程主要是为培养学生人文素质而设置的，跟其他专业都是相似的。专业课程包括专业基础课程、核心课程和拓展课程3部分组成，它们与建筑工程技术专业没有大的区别，只是增加了一些监理方面的内容，而且在设置时衔接关系没有理顺，学生对专业课程学得散乱，导致后续的岗位认知实践和顶岗实践均产生影响。课程体系的设置往往以学校为主，没有根据企业的需求进行设置，监理人才的培养目标比较模糊。

（二）企业参与积极性不高

建设工程监理专业大多数课程在教学中采用的是以教师课堂讲授为主的传统教学模式。大部分教师在课堂教学过程中侧重理论教学，教学内容过于抽象、庞杂，这种教学会很大程度影响教学质量。在现代学徒制人才培养模式的各个参与主体中，企业无疑占据最为重要的地位，企业参与的积极性直接决定了人才培养的成功与否。当前，无论是在现代学徒制推广方面，还是在人才的教育和培养方面，企业参与的积极性都不高。原因在于企业不肯花3年时间去培养，企业也不愿增加人力资源成本，办学主动权也不在企业这边，同时企业需要为学生提供实训场所，学生的实践活动不仅不能为企业创造效益，而且给企业的正常运行造成影响，这无疑丧失了企业参与人才培养的积极性。

（三）建设工程监理专业师资力量有限

建设工程监理专业师资严重缺乏，部分师资借用建筑工程技术专业师资力量。由于他们对建设工程监理专业的教学目标缺乏必要的了解，对所需知识的深度和广度也没吃透，加上课时相对不足，对授课内容就会随意删减，降低课程标准，从而使学生感觉学起来吃力，又学不到东西。

（四）人才培养缺乏制度保障和政策扶持[2]

现代学徒制人才培养不仅需要企业和院校的努力，更离不开政府的支持和投入。近两年来，为了推动现代学徒制的发展，国家虽然出台了多项政策，并鼓励职业院校进行试点，但是这些政策性文件大都较为宏观。在现代学徒制人才培养模式中一些重要的法律关系没有得到明确，现代学徒制的法律地位、校企双方的责任也没有得到界定，政府对于现代学徒制的宣传力度也不足。现代学徒制的成功实施需要企业的大力投入，而政府没有充分给予参与现代学徒制的企业税收上的减免或财政上的补贴等优惠政策。

三、建设工程监理人才培养实践

为进一步拓展校企合作资源，创新校企合作模式，形成校企合作合力，共同持续培养符合浙江省建设监理行业发展所需的高素质、高技能人才，实现校企合作共赢。[3]浙江省建设工程监理管理协会、浙江建设职业技术学院和浙江省知名监理企业联合共建了浙江省建设工程监理联合学院（如图3），建设工程监理人才培养实践如下：

（一）课程内容与职业标准对接

构建现代学徒制人才培养课程体系时，需要从培养目标、课程内容、教学方法等多个方面进行改革，充分考虑企业对于技能人才的需求，积极在企业开展调研。浙江省建设工程监理联合学院，提出了采用"工作过程导向"的课程开发模式，分析监理员和相近岗位（群）的典型工作任务和所需要的职业技能、知识和素质，确定与之对应的主要支撑课程；以职业能力培养为主线，建立从专项技能到综合技能再到顶岗能力训练的3个阶段实践教学体系，构建能力型的工作过程化课程体系。

（二）多方参与考核评价机制

教学过程与生产过程对接是现代学徒制建构的

充分条件。学中做，做中学，通过理实一体化的教学方法，实现翻转课堂教学方式，培养学生上课如上班意识，全方面提升学生的职业素养与职业技能。现代学徒制实践环节，学生的学习地点在监理企业，如何进行教学和管理显得尤为重要，为此浙江省建设工程监理联合学院编制了建设工程监理专业综合实务工程实践手册（如图4）。该手册在"411"人才培养模式的指导下结合现代学徒制的要求编制的，"411"人才培养模式是浙江建设职业技术学院在全国首创，有很高的美誉度，曾获得2009年浙江省教学成果一等奖。建设工程监理专业综合实务工程实践手册按照"411"人才培养模式，前一个"1"的要求，根据浙江省建设工程监理联合学院新型课程体系第二阶段综合技能课程的学习内容，提出了第二阶段学习任务。建立体现现代学徒制特点的多方参与考核评价机制。校企共同构建全学程、双向介入的人才培养质量监控和评价体系，课程考核评价采用教学、实践并行的操作方式进行过程性评价。

（三）充分利用互联网＋，创建智慧实操训练

现代学徒制培养路径需要现代化技术，浙江省建设工程监理联合学院充分利用新一代互联网、物联网技术，在专业内涵创新提高的基础上，实现"技术＋业务"深度融合[5]——监理之窗APP的建设。职业教育与终身学习对接是现代学徒制

图3　"1+1+X"基于行业联合学院的培养模式[4]

浙江省建设工程监理联合学院

2018届工程监理专业

综合实务工程实践手册

（监理五项综合实务训练及岗位认知实践任务书与指导书）

监理企业项目全称：＿＿＿＿＿＿＿（盖章）

（项目监理部盖章）

项目监理指导师傅：＿＿＿＿＿＿＿（签名）

班　　级：＿＿＿＿＿＿＿

学　　号：＿＿＿＿＿＿＿

姓　　名：＿＿＿＿＿＿＿（签名）

建筑工程系

二〇一七年六月

图4　综合实务工程实践手册

建构的人才成长立交桥。通过监理之窗APP实习系统，能有效协助师生完成顶岗实习，实现院校对实习全过程的管理。同时此平台也向监理企业开放，使进入现代学徒制合作企业群里的毕业生离校不离"窗"，随时可以进入监理之窗平台学习，在平台上教师可以直播授课或者不断更新录课视频，可以与毕业学生和企业职工进行提问、分享经验、交流讨论，教师、学生和企业员工等相互主动推送相关学习资源。

（四）共建师傅团队，实现双师共育

教师不只是知识和技能的传授者，还应是课程的组织者、引导者和评价者，教师的能力和水平直接影响到现代学徒制人才培养的质量。因此，共建师傅团队，实现双师共育，是现代学徒制人才培养质量的重要保证。在现代学徒制人才培养模式中，教学任务由学校教师和企业师傅共同承担，学校应该重视"双师型"教师的培养和引进[6]，鼓励教师到监理企业所在的施工现场参与实践并给予时间和经费上的支持，也可以聘请企业、行业专家作为兼职教师来学校授课和作相关的专题讲座，通过教学互动形式使学生们更加清楚地了解工程实际中监理工作应注意的一些问题。浙江省建设工程监理联合学院组建了由学院教师和企业师傅组成的强大的师资库和社会服务培训团队，每年举办各类监理工程师培训班，成效显著，获得5000余名学员的一致好评，实现了企业、学员和学院三方共赢。

（五）推进现代学徒制人才培养保障体系建设

现代学徒制人才培养模式离不开政府的支持。政府要出台相关的法律法规，明确现代学徒制的法律地位，界定校企双方的责任，加大对于现代学徒制的宣传力度。为提高企业的积极性，政府可以给予参加现代学徒制人才培养的企业一定的税收减免或财政补贴政策，使企业能够在参与教育的过程中获得收益。毕业证书与职业资格证书对接是现代学徒制建构人才质量的根本保证。目前，浙江省建设工程监理联合学院的毕业生进入到现代学徒制合作企业群里的监理企业里工作3年以上，可以不用考试，通过校企评定获取省级监理工程师专业证书，其证书含金量仅次于国家注册监理工程师岗位证书。

结语

我国的建设工程监理已经走过了整整30个年头，正在经历着一个发展、规范和逐步完善的过程，本文通过对现代学徒制的国际和国内各种模式的了解和现代学徒制在浙江的实践，详细阐述了浙江省建设工程监理联合学院在建设工程监理人才培养方面所作的努力。从课程内容和职业标准对接，实行多方参与考核评价机制，充分利用互联网＋创建智慧实操训练，共建师傅团队实现双师共育和推进现代学徒制人才培养保障体系建设5个方面提出了人才培养途径，供同行参考借鉴。

参考文献

[1] 浙江省教育厅，浙江省发改委，浙江省经信委，浙江省财政厅，浙江省人力社保厅，浙江省国资委.关于开展现代学徒制试点工作的通知.浙教职成〔2016〕31号.2016年2月5日.

[2] 祝木伟.中国特色现代学徒制人才培养实施现状及改进策略[J].中国职业技术教育，2016，20：16-18.

[3] 蒋承杰.建筑类高职院校"11＋"合作办学模式的探索与实践[J].中国职业技术教育，2016，（20）.

[4] 何辉.基于行业联合学院平台的建筑类现代学徒制探索与实践[J].中国职业技术教育，2017，（13）：53-56.

[5] 杨文领，傅敏.高职工程监理专业"智慧化"创建研究[J].教育现代化，2016 10（30）：168-170.

[6] 潘建峰.基于现代学徒制的高端制造业人才培养研究与实践[J].中国职业技术教育，2016，（5）：46-49.

不忘初心，为国家发展而拼搏

——记北京中城建建设监理有限公司吴江虹

国家和单位的发展、民族的振兴都离不开一群勇于实践，敢于担当，勤于思考，善于学习，努力工作的人。FAST 项目总监理工程师吴江虹同志就是单位这群人中的杰出代表，自 FAST 工程 2011 年 3 月 25 日开工建设，至如今准备国家验收。近 8 年的工程建设全过程监理时间里，吴江虹总监理工程师一直奋战在 FAST 工程项目第一线。期间儿子的中考、高考一直到大学毕业他都未顾及，家中 80 多岁的老母，都完全靠家人的照顾。

20 世纪 80 年代，吴江虹同志毕业于上海同济大学，毕业后即来单位（原建设部勘察设计院）工作，先后承担多项重大工程的勘察、设计、施工、监理工作。他工作能力强，又勤于学习，是国家注册岩土工程师、一级建造师、注册监理工程师、注册造价工程师。公司为 20 世纪 90 年代成立的全国首批甲级资质单位，现为具有国家综合类资质监理企业。

吴江虹同志技术全面、经验丰富，先后参与和主持了南京电视塔、青海省曹家堡机场、亚洲第一大风洞保护工程，曾任"十二五"国家重大基础设施工程 LAMOST（亚洲最大光学望远镜）工程的总监，每项工程都得到了业主及相关单位的极高评价。在南京电视塔的建造施工过程中获得了南京市 20 世纪 90 年代十大建设功臣奖。

自从事监理工作以来，他始终坚持"科学、公正、诚信、合理"的工作原则，全面严格履行质量、进度、投资三控制，安全管理、信息管理、各方关系协调的监理职责，其工作不仅得到业主的好评，同时也得到了施工单位的认可。

FAST 项目地处偏僻的大山沟，交通不便，建设初期手机信号不好，只能用座机与外界联系，工作条件艰难；大山里生活条件更是艰苦，由于地处喀斯特地区，吃水困难，工地的日常用水得从 2km 外高差 300m 的洼地池塘抽取地表水，十

分不卫生，他每次来到工地的前 3 天都有腹泻现象。同时由于南方现场潮湿阴冷，春冬季节身体还常常起湿疹。这些困难他都从来不说，特别是他自身患糖尿病多年，为了防止低血糖反应，一般出门口袋里都带着糖块。这些生活的艰难他从不叫苦。

FAST 工程是我国独自建造、自主创新的世界最大的单口径射电望远镜。建造工艺复杂，几乎包含了所有的土木工程技术、复杂的地质条件、复杂的岩土工程技术、先进的测量技术（精度要求达毫米级）、钢结构技术、索网技术、铝合金网架技术、桥梁结构、高耸钢管塔结构技术、钢筋砼结构等，同时还有机电制造和安装技术，自动化工程控制的软、硬件技术等。

由于建造望远镜施工精度要求高，许多都超出国家规范。他提出了先从提高施工方的精度意识入手，严格控制施工过程管理。

每个施工单位进场的第一次工地会议，他都向施工方的项目经理及总工强调，这里施工的不是一般的建筑或构筑物，我们是在建造一台举世瞩目的科学仪器，精度必须满足科学要求，以提高他们的认识。实施过程中更是严格执行既定的精度目标，每道工序务必满足设计要求才能通过吴总监的审查，由于他对工程全程严格的质量把关，FAST 工程最后终于达到总体精度要求。

FAST 工程施工技术复杂，参与单位多，交叉作业多，施工难度大，导致施工管理工作的难度之大前所未有。而项目自 2011 年 3 月 25 日正式开工，既已定好了 5.5 年的工期。每项工程的工期必须严格按既定目标实施才能确保工程按期完工。

他认真审核每一项施工方案，特别是爆破施工、吊装施工等危险工作，方案的审核更是不敢有半点懈怠。在施工方案实施过程中严格检查，一丝不苟。他多次亲自前往设备加工厂考察生产加工情况，确保加工制造质量。

在台址开挖过程中，为了排水隧道按期完成并保证安全，他经常与施工单位项目经理及总工翻山越岭进隧道挖面检查开挖情况，确保开挖进度与工程安全。在开挖过程通过统计每车的装运时间，要求施工单位安排合适装运车辆数从而保证开挖进度。

在馈源塔的安装、索驱动机房基础施工、圈梁 3 个施工单位发生交叉施工，各施工单位争抢施工场地互不相让时，他及时召集 3 家施工方与甲方各系统相关管理人员进行协调，采用轮流间歇施工方式进行施工。科学的管理为确保总工期作出了贡献。

面板拼装时，要求施工单位新增面板拼装厂房，加倍增补拼装工人，确保每天能完成足量合格的面板单元，从而保证了面板的吊装速度。

FAST 项目工程立项时国家财政批准的总投资十分有限，而项目又是一个经特殊建造的科学仪器，无经验可循，许多工程技术指标只能边研究边确认，这就给工程造价控制带来了巨大的挑战。工程的电磁屏蔽问题，前期招标的技术指标远远不能达到最后的实施要求，最后通过技术经济分析圆满地解决了工程的调价问题，甲方及施工方都得到了满意的结果。

为了节省造价加快进度，吴江虹总监给业主提出了许多合理化建议，如工程南垭口进场边坡采用绿化支护、取消主动网、桥改路等建议，为工程节省造价数千万元，并加快了工程进度，同时还达到了美化工程环境的效果。

面板拼装的质量关系到望远镜的接收精度。施工初期施工单位对精度要求的 RMS 值 ≤ 2mm 没有信心，拼装进度一天仅有 3~4 块，相关各方都非常着急。以吴总监为首的监理团队通过调研分析，提出一系列整改措施，最后拼装速度达到最高一天能完成 38 块高质量的合格面板拼装，有效保证了整个工程的进度，为 2016 年 9 月 25 日完工打下了结实的基础。

FAST 项目许多作业都是在高空和高斜坡上进行，安全管理十分艰难。但是监理与各方同心协力，保证了项目的安全施工，整个项目无安全和质量事故发生。

从 FAST 开工建设到完工吴江虹同志走遍了工程的每个部位和角落。对 FAST 工程建设了如指掌。FAST 工程周围的 7 个山头、125~180m 的 6 个高塔、1.6km 长的圈梁他都走过了无数次；对 6677 根主索、2225 根下拉索及促动器、4450 块反射单元面板如数家珍，6 个塔重 3200t，5400t 的圈梁及格构柱；对 30t 重馈源舱、stewa 平台的安装、AB 轴的安装及索驱动的设备的安装、100 多公里的管线安装，每种设备的屏蔽都熟记于心。各个系统的自动控制都严格按科学要求目标实施调试检测，达到目标后才应许通过。

FAST 工程从开始施工至今已经有 8 个年头，在总监吴江虹的严格科学管理下，项目取得了丰硕的成果。先后获得了全国岩土工程金质奖、二次国家钢结构金奖、国家优秀投资项目特别金奖、贵州黄果树杯优秀工程奖。2016 年 9 月 25 日，工程落成时刘延东副总理亲临现场，并宣读了习总书记的贺信。

FAST 工程在设备调试期间已经发现了 13 颗脉冲星，成功实现了其三大科学目标之一。

吴江虹同志带领的项目团队获得了贵州省工人先锋号的荣誉，公司获得了中国科学院国家天文台 FAST 工程建设突出贡献单位奖。其本人获得了 FAST 建设突出贡献个人奖。多次评为单位的优秀总监和先进个人。其认真负责的工作作风，严谨科学的工作态度，诚信公正的工作原则，勤奋学习的精神是我们监理工程师的榜样。

群策群力、诚信经营，
全力助推公司快速健康发展

郝玉新

中国水利水电建设工程咨询北京有限公司

时光如梭，光阴荏苒。伴随着共和国建设的足迹，2018 年迎来我国实行工程监理制度 30 周年。中国水利水电建设工程咨询北京有限公司（简称公司）是工程建设监理制度的践行者，见证了我国建设监理行业从无到有，从小到强的全部历程，并与之相伴发展壮大，取得了辉煌成就。

一、顺应时代潮流，夯实发展基础

1985 年在全国经济体制改革的潮流中，能源部、水利部北京勘测设计研究院开始推行技术经济责任制。为了走向社会，开展多种经营，充分发挥设计院技术优势，组建了咨询公司。1985 年 7 月 2 日，经北京市工商行政管理局核准正式成立，为北京院下属的第一个独立法人单位，对外称中国水利水电建设工程咨询北京公司，成为中国首批水利水电工程行业全国性的全民所有制工程咨询企业。2013 年公司随着北京院一起改制为有限公司（法人独资）。

公司的业务范围随着市场形势的发展不断拓宽，在成立之初以北京院内外开展水利水电工程技术咨询为主。随着工程建设领域的体制改革，1988~1991 年，国家试点推行建设监理制，公司被原建设部、北京市认定为首批工程监理试点单位，1989 年成为以工程建设监理为主业的实体公司。1992~1995 年在试点总结取得经验的基础上，我国建设监理制进入逐步推广阶段，逐步扩大监理地区和行业范围，直至 1996 年开始在全国全面推行建设监理制度。公司筑牢发展基础，逐年扩大发展实力，1993 年被原建设部认定为全国首批具有甲级资质的监理单位，1994 年被水利部认定为全国首批具有监理资质的单位，1995 年取得原北京市城乡建设委员会核发的外地及中央在京监理单位（甲级）资质证书，1995 年取得国家计划委员会颁发的甲级工程咨询资格证书，1996 年取得中华人民共和国电力工业部核准的甲级监理单位资质证书，1998 年取得水利部核发的甲级建设监理单位资质证书，2001 年取得国家电力公司核准的甲级监理单位资格证书，2013 年取得国家人民防空办公室核准的人民防空工程建设监理单位（甲级）资质证书。公司 1997 年通过了 ISO9001 质量体系认证，2008 年通过质量、环境、职业健康安全三标一体管理体系认证并至今有效运行。目前公司主要经营范围包括水利水电工程、工业与民用建筑工程、风电工程、光伏工程、电力工程、市政工程、公路工程、桥涵工程、移民和水保环保工程的施工监理及设计监理；水利、水电、工业与民用建筑、风电、光伏、火电、公路、市政工程、岩土工程、送变电工程的咨询与评价，项目管理，经济信息咨询。

二、传承诚信经营，树立企业丰碑

30 多年来，公司秉承企业文化核心理念，以服务国家建设，促进人与自然和谐发展为企业使命，努力建设"学习型、科技型、创新型"国内一流工程咨询公司；以务实、创新、担当为企业精神，确立了"诚信卓越、合作共赢，服务顾客、奉献社会、发展企业、成就个人"的理念，实现了企业品牌形象的提升，在中国水电监理行业享有较高声誉。

经过 30 多年的传承与发展，公司已成长为以水电水利领域为主，覆盖工业与民用建筑工程、电力工程、市政工程、风电工程、光伏工程、移民和水保环保等多业务领域的监理咨询企业，凭借优质的服务和良好的业绩，赢得了业界的广泛认可，成长为中国工程建设监理及咨询行业创新发展优秀企业，是中国水利水电监理行业的一支重要力量。尤其在抽水蓄能电站监理领域，公司监理的已建、在建大中型抽水蓄能电站技术领先，管理规范，居于我国从事抽水蓄能电站监理企业的前列。

30 多年来，公司立足北京，面向全国，走向世界。祖国大江南北都留下了公司的身影。一个个工程的圆满完工，犹如一座座丰碑，记录了公司监理人砥砺前行的足迹，见证了公司不断发展壮大的奋斗历程！项目遍布国内 30 个省区及 10 多个海外国家和地区，工程监理近 400 项。参与工程技术咨询项目 100 余项，承担和参与咨询审查的大中型水利水电工程 50 余项，获中国优秀工程咨询成果奖 1 项。公司年营业收入从最初的不足百万元，增加到 2016 年、2017 年连续超过亿元。新签监理项目合同额连年攀升，业务储备额近 4 亿元。公司监理的工程项目荣获国家级奖项 15 项，北京至八达岭高速公路潭峪沟隧道、水电规划总院勘测设计科研楼、青海公伯峡水电站、山东泰安抽水蓄能电站、江苏宜兴抽水蓄能电站先后荣获国家优质工程鲁班奖，安徽响水涧抽水蓄能电站荣获国家优质工程奖，公伯峡水电站还荣获了 2007 年度中国电力优质工程、2009 年度国家优质工程金奖、新中国成立 60 周年百项经典工程、百年百项杰出土木工程等奖项，青海拉西瓦水电站荣获中国钢结构金奖工程，四川大岗山水电站和公伯峡水电站、泰安抽水蓄能电站、宜兴抽水蓄能电站、响水涧抽水蓄能电站均荣获中国电力优质工程荣誉称号。公司监理的北京市马官营住宅小区、兴隆家园、九龙花园等 24 个项目荣获北京市优质工程等奖项。

30 多年来，公司坚持以人为本，人才兴企战略，打造了一支作风优良、素质过硬的专业技术队伍。优秀的人力资源为公司持续发展提供了有力保障。公司在职人员从成立之初的不足 10 人发展到目前从业人员 600 人左右，其中住建部注册监理工程师 60 人，水利部注册监理工程师 200 多人，咨询工程师（投资）、安全工程师、一级建造师、造价工程师合计达百人。

30 多年来，公司重视技术进步和科技创新，参编了《水电水利工程施工监理规范》，主编了《电力建设工程施工监理安全管理规程》等 10 多项行业和企业标准。BIM 技术在公司监理项目应用日益完善，近年来员工发表论文近百篇，近 30 项 QC 小组成果荣获国家级奖项，成为全面质量管理优秀单位。

30 多年来，公司坚持诚信经营，被北京市监理协会连续评定为诚信监理企业，被中国水利工程协会、中国质量协会、北京市质量协会、北京市水务局等监理行业管理单位评定为 AAA 级信用监理企业，荣获了"中国建设监理创新发展 20 年工程监理先进企业"、"共创鲁班奖工程监理企业"、"全国优秀水利企业"、"北京市建设监理行业优秀监理单位"、"北京市建设行业诚信监理企业"等多项荣誉称号，公司引黄国际标监理部荣获"全国青年文明号"、宜兴抽水蓄能电站监理部荣获"江苏省工程先锋号"、猴子岩监理部荣获"四川省重点工程劳动竞赛先进集体"荣誉称号，为国家建设监理行业发展和地区建设作出了应有贡献。

30 多年来，公司在监理实践中，由起初的单一的水电、水利行业项目监理，发展至今以水电、水利行业为主，并承担工民建、电力、交通、新能源、环保水保等多行业的监理企业。在工程建设监理过程中，公司严格按监理规定、规范、建设合同

实施监理，对工程建设单位（业主）做到热忱服务，对承建单位做到"一监二帮"，对工程建设目标的实现，起到了积极的促进作用。

实践证明，工程建设监理制度的建立与推行，对我国工程建设领域的发展，起到了重要的推进和保障作用。

三、回顾奋斗历程，鞭策继续前行

30多年耕耘发展，30多载春华秋实。回顾公司30多年奋斗发展历程，我们深切体会到：

正是由于我们始终坚持认真贯彻党的路线方针政策，在国家建设监理制度的引领下，在行业协会的规范管理下，在上级单位总体战略思想指导下，公司才得以取得长足发展。30多年来，各方领导及有关部门十分关心公司的发展，在技术、人力、物力、财力上等各方面，给予强有力的支持和帮助，是公司各项事业蓬勃发展的坚强后盾。

正是由于我们始终坚持改革创新，以真诚服务业主、与各方合作共赢的理念，以真抓实干的工作作风，做到了干一个工程，培养一批人才，开辟一片市场，树立一座丰碑。

正是由于我们始终坚定不移地依靠全体员工，不断激发广大员工的工作热情，奋勇拼搏，无私奉献，才有了今天公司取得的辉煌成绩。广大员工创造了公司的历史，也共享了企业发展的成果，实现了企业价值和个人价值共成长。

正是由于我们始终坚持加强党的建设和企业文化建设相结合，以党建带工建，以党建带团建，将党组织的政治优势转化为企业的科学发展优势。我们始终坚持和加强党的基层组织建设，打造了一支高素质的党员队伍，使公司发展有了强有力的思想基础和组织保障！

四、展望发展梦想，牢记强企初心

30多年岁月，在历史长河中只是沧海一粟。30多年的辉煌已成历史，新的征途已经起航。

公司将按照创建"国际型工程公司"的总目标要求，积极参与"一带一路"建设，拓展发展新空间，打造增长新动力。巩固和发展现有工程监理业务，延伸拓展工程技术服务领域，加快探索发展EPC、BOT、BT、项目管理和代建等业务，把控产业链上的更多盈利环节。进一步整合内外部资源，加强人才培养与引进，提升队伍整体的工程监理水平和项目管理能力。将公司建设成为机制现代、组织完备、人才充裕、技术一流、手段先进、服务广泛、有较强竞争力的名牌公司，公司规模和综合实力位于水电水利监理行业前列，进入全国监理企业营业收入100名单位之一。

新起点、新使命、新征程。未来发展之路，前景光明。公司在监理行业协会的规范管理下，在上级单位的正确领导下，将以前辈"艰苦奋斗、务实担当、开拓创新"的精神作为继续前行的不竭动力，凝神聚力，开拓创新，同心同德，携手书写新的发展华章。

《中国建设监理与咨询》征稿启事

《中国建设监理与咨询》是中国建设监理协会与中国建筑工业出版社合作出版的连续出版物，侧重于监理与咨询的理论探讨、政策研究、技术创新、学术研究和经验推介，为广大监理企业和从业者提供信息交流的平台，宣传推广优秀企业和项目。

一、栏目设置：政策法规、行业动态、人物专访、监理论坛、项目管理与咨询、创新与研究、企业文化、人才培养等。

二、投稿邮箱：zgjsjlxh@163.com，投稿时请务必注明联系电话和邮寄地址等内容。

三、投稿须知：

1. 来稿要求原创，主题明确、观点新颖、内容真实、论据可靠；图表规范、数据准确、文字简练通顺，层次清晰、标点符号规范。

2. 作者确保稿件的原创性，不一稿多投、不涉及保密、署名无争议，文责自负。本编辑部有权作内容层次、语言文字和编辑规范方面的删改。如不同意删改，请在投稿时特别说明。请作者自留底稿，恕不退稿。

3. 来稿按以下顺序表述：①题名；②作者（含合作者）姓名、单位；③摘要（300字以内）；④关键词（2~5个）；⑤正文；⑥参考文献。

4. 来稿以4000~6000字为宜，建议提供与文章内容相关的图片（JPG格式）。

5. 来稿经录用刊载后，即免费赠送作者当期《中国建设监理与咨询》一本。

本征稿启事长期有效，欢迎广大监理工作者和研究者积极投稿！

欢迎订阅《中国建设监理与咨询》

《中国建设监理与咨询》面向各级建设主管部门和监理企业的管理者和从业者，面向国内高校相关专业的专家学者和学生，以及其他关心我国监理事业改革和发展的人士。

《中国建设监理与咨询》内容主要包括监理相关法律法规及政策解读；监理企业管理发展经验介绍和人才培养等热点、难点问题研讨；各类工程项目管理经验交流；监理理论研究及前沿技术介绍等。

《中国建设监理与咨询》征订单回执（2019）

订阅人信息	单位名称					
	详细地址				邮编	
	收件人				联系电话	
出版物信息	全年（6）期	每期（35）元	全年（210）元/套（含邮寄费用）		付款方式	银行汇款

订阅信息

订阅自2019年1月至2019年12月，_____套（共计6期/年）　　付款金额合计￥_____元。

发票信息

□开具发票（电子发票）
发票抬头：_____　　纳税人识别号：_____
发票类型：一般增值税发票
接收电子发票邮箱：

付款方式：请汇至"中国建筑书店有限责任公司"

银行汇款 □
户　名：中国建筑书店有限责任公司
开户行：中国建设银行北京甘家口支行
账　号：1100 1085 6000 5300 6825

备注：为便于我们更好地为您服务，以上资料请您详细填写。汇款时请注明征订《中国建设监理与咨询》并请将征订单回执与汇款底单一并传真或发邮件至中国建设监理协会信息部，传真010-68346832，邮箱zgjsjlxh@163.com。

联系人：中国建设监理协会　王月、刘基建，电话：010-68346832、88385640
　　　　中国建筑工业出版社　焦阳，电话：010-58337250
　　　　中国建筑书店　王建国、赵淑琴，电话：010-68344573（发票咨询）

《中国建设监理与咨询》协办单位

 北京市建设监理协会 会长：李伟	 中国铁道工程建设协会 副秘书长兼监理委员会主任：麻京生	 中国建设监理协会机械分会 会长：李明安	京兴国际工程管理有限公司 执行董事兼总经理：陈志平
北京兴电国际工程管理有限公司 董事长兼总经理：张铁明	北京五环国际工程管理有限公司 总经理：李兵	中国电建 POWERCHINA 咨询北京有限公司 BEIJING CONSULTING CORPORATION LIMITED 中国水利水电建设工程咨询北京有限公司 总经理：孙晓博	鑫诚建设监理咨询有限公司 董事长：严弟勇　总经理：张国明
北京希达建设监理有限责任公司 总经理：黄强	CSIC 中船重工海鑫工程管理（北京）有限公司 总经理：姜艳秋	中咨工程建设监理有限公司 总经理：鲁静	MCC 赛瑞斯咨询 北京赛瑞斯国际工程咨询有限公司 总经理：曹雪松
中核集团 CNNC 中核工程咨询有限公司 China Nuclear Engineering Consulting Co.,Ltd. 中核工程咨询有限公司 董事长：唐景宇	天津市建设监理协会 理事长：郑立鑫	河北省建筑市场发展研究会 会长：蒋满科	山西省建设监理协会 会长：苏锁成
山西省煤炭建设监理有限公司 总经理：苏锁成	山西省建设监理有限公司 名誉董事长：田哲远	山西协诚建设工程项目管理有限公司 董事长：高保庆	山西煤炭建设监理咨询有限公司 执行董事、经理：陈怀耀
CHD 华电和祥 华电和祥工程咨询有限公司 党委书记、执行董事：赵羽斌	DC 太原理工大成工程有限公司 董事长：周晋华	SZICO 山西震益工程建设监理有限公司 董事长：黄官狮	神剑 SHENJIAN 山西神剑建设监理有限公司 董事长：林群
山西省水利水电工程建设监理有限公司 董事长：常民生	正元监理 晋中市正元建设监理有限公司 执行董事兼总经理：李志涌	科大管理 KEDA MANAGEMENT 内蒙古科大工程项目管理有限责任公司 董事长兼总经理：乔开元	中泰正信工程管理咨询有限公司 总经理：董殿江
吉林梦溪工程管理有限公司 总经理：张惠兵	沈阳监理 SHENYANG SUPERVISION 沈阳市工程监理咨询有限公司 董事长：王光友	DBCM 大连大保建设管理有限公司 董事长：张建东　总经理：肖健	上海市建设工程咨询行业协会 会长：夏冰
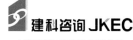 建科咨询 JKEC 上海建科工程咨询有限公司 总经理：张强	上海振华工程咨询有限公司 Shanghai Zhenhua Engineering Consulting Co., Ltd. 上海振华工程咨询有限公司 总经理：徐跃东	BUREAU VERITAS SPM 上海建设工程监理咨询 上海市建设工程监理咨询有限公司 董事长兼总经理：龚花强	 同济咨询 TJEC 上海同济工程咨询有限公司 董事总经理：杨卫东
青岛信达工程管理有限公司 董事长：陈辉刚　总经理：薛金涛	胜利监理 SHENGLI PROJECT MANAGEMENT 山东胜利建设监理股份有限公司 董事长兼总经理：艾万发	江苏誉达工程项目管理有限公司 董事长：李泉	江苏建科建设监理有限公司 董事长：陈贵　总经理：吕所章
LCPM 连云港市建设监理有限公司 董事长兼总经理：谢永庆	江苏赛华建设监理有限公司 董事长：王成武	中源管理 ZHONGYUAN MENGMENT 江苏中源工程管理股份有限公司 总裁：丁先喜	安徽省建设监理协会 会长：陈磊
合肥工大建设监理有限责任公司 总经理：王章虎	江南管理 浙江江南工程管理股份有限公司 董事长总经理：李建军	浙江华东工程咨询有限公司 ZHEJIANG HUADONG ENGINEERING CONSULTING CO.,LTD 浙江华东工程咨询有限公司 执行董事：叶锦锋　经理：吕勇	浙江嘉宇工程管理有限公司 ZHEJIANG JIAYU PROJECT MANAGEMENT CO.,LTD 浙江嘉宇工程管理有限公司 董事长：张建　总经理：卢甬
浙江求是工程咨询监理有限公司 董事长：晏海军	江西同济建设项目管理股份有限公司 法人代表：蔡毅　经理：何祥国	福州市建设监理协会 理事长：饶舜	厦门海投建设监理咨询有限公司 法定代表人：蔡元发　总经理：白皓

《中国建设监理与咨询》协办单位

 驿涛项目管理有限公司 董事长：叶华阳	 业达建设管理有限公司 总经理：倪莉莉	 河南省建设监理协会 会长：陈海勤	建基咨询 CCPM Engineering Consulting 建基工程咨询有限公司 副董事长：黄春晓
 中兴监理 郑州中兴工程监理有限公司 执行董事兼总经理：李振文	 河南建达工程建设监理公司 总经理：蒋晓东	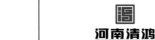 河南清鸿 河南清鸿建设咨询有限公司 董事长：贾铁军	 中汽智达（洛阳）建设监理有限公司 AIE LUOYANG ZHIDA CONSTRUCTION SUPERVISION CO.,LTD 中汽智达（洛阳）建设监理有限公司 董事长兼总经理：刘耀民
 河南省光大建设管理有限公司 董事长：郭芳州	中元方 中元方工程咨询有限公司 董事长：张存钦	方大咨询 FANGDA CONSULTING 方大国际工程咨询股份有限公司 董事长：李宗峰	长城咨询 河南长城铁路工程建设咨询有限公司 董事长：朱泽州
 河南兴平工程管理有限公司 董事长兼总经理：洪源	 湖北省建设监理协会 会长：刘治栋	 武汉华胜工程建设科技有限公司 董事长：汪成庆	湖南省建设监理协会 常务副会长兼秘书长：屠名瑚
 长沙华星建设监理有限公司 总经理：胡志荣	长顺管理 Changshun PM 湖南长顺项目管理有限公司 董事长：潘祥明　总经理：黄劲松	GDJLXH 广东省建设监理协会 会长：孙成	 广州市建设监理行业协会 会长：肖学红
深圳监理 SHENZHEN ENGINEERING CONSULTANTS 深圳市监理工程师协会 会长：方向辉	广东监理 广东工程建设监理有限公司 总经理：毕德峰	广骏监理 广州广骏工程监理有限公司 总经理：施永强	大通监理 广西大通建设监理咨询管理有限公司 董事长：莫细喜　总经理：甘耀域
重庆市建设监理协会 会长：雷开贵	 重庆赛迪工程咨询有限公司 Chongqing CISDI Engineering Consulting Co., Ltd. 重庆赛迪工程咨询有限公司 董事长兼总经理：冉鹏	 重庆联盛建设项目管理有限公司 总经理：雷开贵	HASIN 华兴咨询 重庆华兴工程咨询有限公司 董事长：胡明健
渝正信 重庆正信建设监理有限公司 董事长：程辉汉	重大林鸥 LINOU 重庆林鸥监理咨询有限公司 总经理：肖波	林同棪工程技术 T.Y.Lin TECHNOLOGY 林同棪（重庆）国际工程技术有限公司 总经理：祝龙	二滩国际 Ertan International 四川二滩国际工程咨询有限责任公司 董事长：郑家祥
 中国华西工程设计建设有限公司 CHINA HUAXI ENGINEERING DESIGN & CONSTRUCTION CO.,LTD 中国华西工程设计建设有限公司 董事长：周华	 云南省建设监理协会 会长：杨丽	XDPM 云南新迪建设咨询监理有限公司 董事长兼总经理：杨丽	国开 云南国开建设监理咨询有限公司 董事长兼总经理：黄平
GZJLXH 贵州省建设监理协会 会长：杨国华	 贵州建工监理咨询有限公司 总经理：张勤	SANWEI 贵州三维工程建设监理咨询有限公司 董事长：付涛　总经理：王伟星	 高新监理 GAO XIN PROJECT MANAGEMENT 西安高新建设监理有限责任公司 董事长兼总经理：范中东
西安铁一院 工程咨询监理有限责任公司 XI' AN ENGINEERING CONSULTANCY&SUPERVISION CO.,LTD.FSDI 西安铁一院工程咨询监理有限责任公司 总经理：杨南辉	(PM) 西安普迈项目管理有限公司 董事长：王斌	中国节能 CHINA ENERGY CONSERVATION AND ENVIRONMENTAL PROTECTION GROUP 西安四方建设监理有限责任公司 总经理：杜鹏宇	华春 华春建设工程项目管理有限责任公司 董事长：王勇
华茂监理 HUAMAO SUPERVISION 陕西华茂建设监理咨询有限公司 总经理：阎平	 永明项目管理有限公司 董事长：张平	GSDC 陕西中建西北工程监理有限公司 总经理：张宏利	 甘肃省建设监理有限责任公司 Gansu Construction Supervision Co.,Ltd. 甘肃省建设监理有限责任公司 董事长：魏和中
甘肃经纬建设监理咨询公司 Gansu Construction Supervision Consulting Co., Ltd. 甘肃经纬建设监理咨询有限责任公司 董事长：薛明利	KUNLUN ECC昆仑监理 新疆昆仑工程监理有限责任公司 总经理：曹志勇		

2019年3月召开"北京市2019年建设监理工作会"

2018年6月举办"十九大精神知识竞赛"活动

2018年4月举办"监理资料知识竞赛决赛"

2018年9月向新疆和田贫困地区捐赠物资

2018年10月举办北京市建设监理行业运动会

北京市建设监理协会

　　北京市建设监理协会成立于1996年，是经北京市民政局核准注册登记的非营利社会法人单位，由北京市住房和城乡建设委员会为业务领导，并由北京市社团办监督管理，现有会员230家。

　　协会的宗旨是：坚持党的领导和社会主义制度，发展社会主义市场经济，推动建设监理事业的发展，提高工程建设水平，沟通政府与会员单位之间的联系，反映监理企业的诉求，为政府部门决策提供咨询，为首都工程建设服务。

　　协会的基本任务是：研究、探讨建设监理行业在经济建设中的地位、作用以及发展的方针政策；协助政府主管部门大力推动监理工作的制度化、规范化和标准化，引导会员遵守国法行规；组织交流推广建设监理的先进经验，举办有关的技术培训和加强国内外同行业间的技术交流；维护会员的合法权益，并提供有力的法律支援，走民主自律、自我发展、自成实体的道路。

　　北京市建设监理协会下设办公室、信息部、培训部等部门，"北京市西城区建设监理培训学校"由培训部筹办，拥有社会办学资格，北京市建设监理协会创新研究院是大型监理企业自愿组成的研发机构。

　　北京市建设监理协会开展的主要工作包括：

　　1. 协助政府起草文件、调查研究，做好管理工作；

　　2. 参加国家、行业、地方标准修订工作；

　　3. 参与有关建设工程监理立法研究及其他内容的课题；

　　4. 反映企业诉求，维护企业合法权利；

　　5. 开展多种形式的调研活动；

　　6. 组织召开常务理事、理事、会员工作会议，研究决定行业内重大事项；

　　7. 开展"诚信监理企业评定"及"北京市监理行业先进"的评比工作；

　　8. 开展行业内各类人才培训工作；

　　9. 开展各项公益活动；

　　10. 开展党支部及工会的各项活动。

　　北京市建设监理协会在各级领导及广大会员单位支持下，做了大量工作，取得了较好成绩。

　　2015年12月，协会被北京市民政局评为"中国社会组织评估等级5A"；2016年6月，协会被中共北京市委社工委评为"北京市社会领域优秀党建活动品牌"；2016年12月，协会被北京信用协会授予"2016年北京市行业协会商会信用体系建设项目"等荣誉称号。

　　北京市建设监理协会将以良好的精神面貌，踏实的工作作风，戒骄戒躁，继续发挥桥梁纽带作用，带领广大会员单位团结进取，勇于创新，为首都建设事业不断作出新贡献。

地　址：北京市西城区长椿街西里七号院东楼二层
邮　编：100053
电　话：（010）83121086、83124323
邮　箱：bcpma@126.com
网　址：www.bcpma.org.cn

河北省建筑市场发展研究会

一、河北省建筑市场发展研究会概况

河北省建筑市场发展研究会是在全面响应河北省建设事业"十一五"规划纲要的重大发展目标下，在河北省住房和城乡建设厅致力于成立一个具有学术研究和服务性质的社团组织愿景下，由原河北省建设工程项目管理协会重组改建成立，定名为"河北省建筑市场发展研究会"。2006年4月，经省民政厅批准，河北省建筑市场发展研究会正式成立。河北省建筑市场发展研究会接受河北省住房和城乡建设厅和河北省民政厅的业务指导和监督管理，驻地在河北省石家庄市。

二、河北省建筑市场发展研究会宗旨

遵守宪法、法律、法规和国家政策，践行社会主义核心价值观，遵守社会道德风尚；以邓小平理论和"三个代表"重要思想为指导，深入贯彻落实科学发展观，认真贯彻执行法律、法规和国家、河北省的方针政策，维护会员的合法权益，及时向政府有关部门反映会员的要求和意见，热情为会员服务，引导会员遵循"守法、诚信、公正、科学"的职业准则，促进河北省社会主义现代化建设事业、建设工程监理和造价咨询事业的健康、协调、可持续发展。

三、河北省建筑市场发展研究会业务范围

（一）宣传贯彻国家和省工程监理、造价咨询的有关法律、法规和方针政策。

（二）深入实际调查研究，准确把握省监理、造价咨询实际和国内外的发展趋势，提供研究成果，为政府主管部门决策和管理提供科学的依据。

（三）维护会员合法权益，加强行业自律，促进工程监理、造价咨询企业发展，制定并组织实施行业的规章制度、职业道德准则等行规行约，推动工程监理、造价咨询企业及从业人员诚信建设，开展行业自律活动。

（四）开展多种形式的与工程监理、造价咨询业务相关的业务知识培训和继续教育，举办有关的法律、法规、新技术培训，努力提高会员的法律意识和技术业务水平。

（五）组织开展监理、造价咨询企业讲座、论坛、经验交流、学术交流和合作、学习考察，建立专家库、师资库，提供政策法规、业务知识等咨询和服务。

（六）承办或参与社会公益性活动。

（七）组织与研究会有关的评奖活动。

（八）编辑出版发行《河北建筑市场研究》会刊、培训教材、培训课件、业务知识相关图书，编印相关资料，建立研究会网站，提供相关信息服务。

（九）完成河北省住房和城乡建设厅及中国建设监理协会、中国建设工程造价咨询协会委托和交办的工作。

四、河北省建筑市场发展研究会会员

研究会会员分为单位会员、个人会员。

从事建设工程监理、造价咨询业务并取得相应工程监理企业、造价咨询企业资质等级证书的企业，可申请成为单位会员；取得监理工程师执业资格或其他执业资格、具有中级以上工程或工程经济类相关专业的监理、造价从业人员，可申请成为个人会员。

五、河北省建筑市场发展研究会会员数量

截至2019年3月，监理单位会员316家，造价咨询单位会员360余家。个人会员达20000余人。

六、河北省建筑市场发展研究会秘书处

研究会常设机构为秘书处，下设3个部门：综合办公室、监理部、造价部。

七、河北省建筑市场发展研究会对外宣传媒介

（一）河北省建筑市场发展研究会网站

（二）《河北建筑市场研究》杂志季刊

（三）河北省建筑市场发展研究会微信公众号

河北省建筑市场发展研究会坚持以习近平新时代中国特色社会主义思想为指导，全面贯彻"十九大"和十九届二中、三中全会精神，认真落实习近平总书记对河北工作的重要指示，贯彻落实河北省住房和城乡建设厅、河北省民政厅工作部署，坚持稳中求进工作总基调，坚持新发展理念，按照章程有关规定，积极发挥桥梁纽带作用，凝心聚力，开拓创新，引领河北省监理、造价咨询行业高质量发展作出新贡献。

地　址：石家庄市靶场街29号
邮　编：050080
电　话：0311-83664095
网　址：www.jzscyj.cn
邮　箱：hbjzscpx@163.com

2017年8月29日召开第三届会员代表大会暨三届一次理事会

2017年10月26日召开三届一次会长办公会

2018年1月12日召开BIM技术应用专题讲座会

2018年3月27日召开三届二次会长办公会（扩大）会议

2018年5月31日召开三届三次监理会长办公会暨监理企业经验交流会

2018年5月31日召开三届三次监理企业会长办公会暨监理企业经验交流会

2018年8月28日精准扶贫调研阜平县中学

2018年10月31日社会公益扶贫捐赠仪式

2018年10月31日研究会党支部组织会员单位接受爱国主义教育

2018年11月1日召开三届四次监理企业会长办公会

2018年11月28日中国建设监理协会在石家庄市召开华北片区宣贯

2018年11月29日召开"不忘初心创建发展"河北省纪念工程监理行业创新发展30周年经验交流会

安徽时代大世界（高66层）

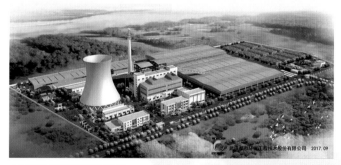

常州大学怀德学院

大丰都市环保生物质发电项目

江苏誉达工程项目管理有限公司

　　江苏誉达工程项目管理有限公司（原泰州市建信建设监理有限公司），是泰州市首家成立并取得住建部审定的甲级资质的监理企业，现具有房屋建筑甲级、市政公用甲级、人防工程甲级、文物乙级监理资质，公路工程监理丙级资质，以及造价咨询乙级、招标代理乙级资质，工程咨询丙级资质。

　　自1996年成立至今风雨兼程整整20年，公司从一个十多人小作坊发展成现在拥有各专业工程技术人员393人的中型咨询企业，其中国家注册监理工程师60人，江苏省注册监理工程师37人，人防监理工程师82人，结构工程师、一级建造师、设备工程师、安全工程师、造价师、招标师30人次。公司注重人才培养和技术进步，每年有50篇论文发表在国内各行业期刊上。

　　公司自成立以来，监理了200多个大、中型工程项目，主要业务类别涉及住宅（公寓）、学校及体育建筑、工业建筑、医疗建筑及设备、市政公用、园林绿化及港口航道工程等多项领域，有20多项工程获得省级优质工程奖；1999年、2005年、2009年、2011年被评为江苏省建设厅"优秀监理企业"；2008年获江苏省监理协会"建设监理发展二十周年工程监理先进企业"；历年被评为江苏省"先进监理企业"、泰州市"先进监理企业"及靖江市"建筑业优秀企业"；十多人次获江苏省优秀总监或优秀监理工程师称号。

　　公司的管理宗旨为"科学监理，公正守法，质量至上，诚信服务"，自2007年以来连续保持质量管理、环境管理及健康安全体系认证资格。2014~2015年公示为全国重合同守信用企业（AAA级）。

　　公司注重社会公德教育，加强企业文化建设，创建学习型企业，打造"誉达管理"品牌，努力为社会、为建设单位提供优质的监理（工程项目管理）服务。

靖江绿城玉兰花园

泰州市人民医院

北京五环国际工程管理有限公司

北京五环国际工程管理有限公司（原北京五环建设监理公司）成立于1989年，隶属于中国兵器工业集团中国五洲工程设计集团有限公司。公司是北京市首批5家试点监理单位之一，具有工程监理综合资质、工程招投标代理资质、军工保密资质、人防工程监理甲级资质。目前主要从事房屋建筑工程、机电安装工程、市政公用工程、电力工程、航天航空工程，以及化工项目等项目监理、项目管理、工程咨询、造价咨询、招标代理、项目后评估等全过程咨询服务工作。

公司在发展过程中，较早引入科学的管理理念，成为监理企业中最早开展质量体系认证的单位之一。20多年来，始终遵守"公平、独立、诚信、科学"的基本执业准则，注重提高管理水平，实现了管理工作规范化、标准化和制度化，形成了对在监项目的有效管理和支持，为委托人提供了优质精准服务。公司建立了信息化管理平台，通过对项目部的考核、专家巡视和办公自动化计算机网络管理平台的使用，能够及时掌握各项目监理部在监理过程中的控制、管理情况，实现了对项目监理部的动态管理，提升了整体管理水平，在建设行业赢得较高的知名度和美誉度，为我国工程建设和监理事业发展作出了应有的贡献。

公司业务领域持续拓展，项目管理业务所占比重进一步加大，总承包和海外业务也逐步打开市场，持续专注工程监理核心业务的发展，保证资源投入与重点业务相匹配。先后承接乌鲁木齐轨道交通1号线工程机电工程、西安地铁4号线设备安装工程、北京市轨道交通自动售检票系统技术改造二期工程、北京新机场南航基地生产运行保障设施运行及保障用房项目；已入围2018~2019年度鲁班奖，并获钢结构金奖（国家优质工程）的王府井国际品牌中心项目、国家优质工程万达文化酒店、国家优质工程潍坊生活垃圾焚烧发电厂、中国电力优质工程南昌泉岭生活垃圾焚烧发电厂工程、福建国资大厦项目、通州核心区新北京项目、乌兹别克斯坦橡胶厂项目等中大型项目监理工作，北京地铁3号线人防工程（一标段）总承包工程亦在顺利实施中。

公司积极参与各级协会组织的课题研究、经验交流、宣贯、讲座等各项活动，及时更新理念、借鉴经验，提升五环的知名度和社会影响力。近年来获得了由中国建设监理协会、北京市建设监理协会、中国兵器工业建设协会等各级协会评选的"优秀建设工程监理单位""全国工程质量治理两年行动兵器工业优秀监理企业"等荣誉称号。

北京五环国际工程管理有限公司面对市场经济发展，以及工程建设组织实施方式改革带来的机遇和挑战，恪守"管理科学、技术先进、服务优良、顾客满意、持续改进"的质量方针，不断提高服务意识，实现自身发展。将以良好的信誉、规范化、标准化、制度化的优质服务，在工程建设咨询领域取得更卓著的成绩，为工程建设事业咨询作出更大的贡献。

地　址：北京市西城区西便门内大街79号院4号楼
电　话：010-83196583
传　真：010-83196075

北京大兴龙湖时代天街

北京地铁售票系统改造

苏州垃圾焚烧发电厂

通州运河核心区

乌兹别克斯坦轮胎厂项目鸟瞰图

中海石景山北辛安棚户改造

中国科学院国家天文台500m口径球面射电望远镜（项目管理）

北京大兴国际机场生活服务设施工程（工程监理）　中央民族大学新校区一组团、二组团工程（工程监理）

北京大兴国际机场航站区与核心区地下人防工程（工程监理）

青海藏区急救诊疗中心综合楼（EPC总承包）　援老挝玛霍素综合医院（项目管理）

西宁新华联国际旅游城·童梦乐园（工程监理）　居然之家京津冀智慧物流园（工程监理）

中国机械设备工程股份有限公司总部综合楼（工程监理、项目管理）

京兴国际工程管理有限公司

京兴国际工程管理有限公司是由中国中元国际工程有限公司（原机械工业部设计研究总院）全资组建，具有独立法人资格的经济实体。公司从事建设工程监理始于1988年，是全国首批取得原建设部工程监理甲级资质的企业，现具有住房和城乡建设部工程监理综合资质、商务部对外承包工程经营资格和进出口贸易经营权，是集工程咨询、工程监理、工程项目管理、工程总承包管理及贸易业务为一体的国有大型工程管理公司，2017年被住建部选定为"开展全过程工程咨询试点"企业；2018年荣获"高新技术企业"称号。

公司的主要业务涉及公共与住宅建筑工程、医疗建筑与生物工程、机场与物流工程、驻外使馆与援外工程、工业与能源工程、市政公用工程、通信工程和农林工程等。先后承接并完成了国家天文台500m口径球面射电望远镜、中国驻美国大使馆新馆、首都博物馆新馆、国家动物疫病防控生物安全实验室等一批国家重大（重点）建设工程以及北京、上海、广州、昆明、南京等国内大型国际机场的工程监理和项目管理任务。有近150项工程分别获得国家鲁班奖、优质工程奖和省部级工程奖。

公司拥有一支懂技术、善管理、实践经验丰富的高素质团队，各专业配套齐全。公司坚持"科学管理、健康安全、预防污染、持续改进"的管理方针，内部管理科学规范，是行业内较早取得质量、环境和职业健康安全"三体系"认证资格的监理企业，并持续保持认证资格。

公司连续多年分别被中国建设监理协会、北京市建设监理协会、中国建设监理协会机械分会评为全国先进工程监理企业、北京市建设监理行业优秀监理企业、全国机械工业先进工程监理企业，北京市建设行业诚信监理企业、安全生产监督管理先进企业、服务质量信得过企业、建设监理行业抗震救灾先进企业、监理课题研究贡献企业等多项荣誉。中央企业团工委授予公司"青年文明号"称号。

公司自主研发了"监理通"和"项目管理大师"专业软件，搭建了网络化项目管理平台，实现了工程项目上各参建方协同办公、信息共享及公文流转和审批等功能。该软件支持电脑客户端和移动APP（手机）客户端。该软件于2016年获得国家版权局颁发的《计算机软件著作权登记证书》。公司信息化管理在行业内有较好的示范和引领作用。

公司注重企业文化建设，以人为本，构建和谐型、敬业型、学习型团队，打造"京兴国际"品牌。

公司秉承"诚信、创新、务实、共赢"的企业精神，持续创新发展，成为行业领先的国际化工程管理公司。

河南清鸿建设咨询有限公司

总经理贾铁军

  河南清鸿建设咨询有限公司于1999年9月23日经河南省工商行政管理局批准注册成立，注册资本1010万元人民币。是一家具有独立法人资格的技术密集型企业，致力于为业主提供综合性高智能服务、立志成为全国一流的全过程工程咨询公司。

  企业资质：
  工程监理综合资质
    房屋建筑工程甲级资质
    市政公用工程甲级资质
    电力工程甲级资质
    公路工程甲级资质
    化工石油甲级资质……
  水利部水利施工监理乙级资质
  国家人防办工程监理乙级资质
  政府采购备案
  工程招标代理

  组织结构：总经理负责制下的直线职能式，包括总工办、行政办公室、人力资源部、财务部、工程管理部、工程督查部、市场经营部、招标代理部。

  企业荣誉：公司连续11年被评为"河南省先进监理单位"，中国《建设监理》杂志理事单位、河南省建设监理协会副会长单位，参与编制《建设工程监理工作标准》。荣获河南省住房和城乡建设厅全省建筑业骨干企业荣誉称号，列入河南省全省重点培育建筑产业基地名单，河南工程咨询行业十佳杰出单位，河南咨询行业十佳高质量发展标杆企业，国家级"重合同、守信用AAA级"监理单位，先进基层党组织、优秀共建单位，通过了质量、环境、安全三体系认证。

  业绩优势：2007年以来，承接的地方民建项目、工业项目、人防项目、市政工程、电力工程、化工石油工程、水利工程等千余项目，多次荣获河南省安全文明工地、河南省"结构中州杯"、"中州杯""市政金杯奖"等奖项。

  技术力量：公司现有管理和技术人员680余名，其中高级技术职称24人。中级技术职称380人。公司项目监理部人员630名，均具备国家认可的上岗资格；其中，国家注册监理工程师79人、注册一级建造师16人、注册造价工程师5人、注册一级结构师1人、其他注册人员14人。河南省专业监理工程师370人、监理员255人，人才涉及建筑、结构、市政道路、公路、桥梁、给水排水、暖通、风电、电气、水利、化工、石油、景观、经济、管理、电子、智能化、钢结构、设备安装等各专业领域。

  企业精神：拼搏、进取、务实、创新
  核心价值观：用心服务，创造价值
  品牌承诺：忠诚的顾问，最具价值的服务
  使 命：以业主的满意、员工的自我实现和社会的进步为最大的价值所在。
  愿 景：高质量、高效率、可持续，成为行业中具有社会公信力、受人尊敬的咨询企业
  近期目标：做专、做精工程咨询服务业
  中期目标：打造中国著名的工程项目管理公司
  远期目标：创建国际项目管理型工程咨询公司

地 址：河南省郑州市郑东新区平安大道与博学路交叉口东200米永和龙子湖广场A座南区十七层
电 话：0371-65851311
邮 编：450000
邮 箱：hnqhgcb@126.com
网 址：http://www.hnqhpm.com

驻马店市小清河生态水系综合治理项目

秦都高铁枢纽换乘中心   人大附中三亚学校

建业郑西联盟新城

周商连接通道建设八一路打通工程 荣盛康旅云台古镇

郑州市四环线及大河路快速化工程

河南省人民政府办公大楼项目

三门峡市文化体育会展中心项目（国家优质工程奖）

九江国际金融广场项目

贵州中烟工业公司贵阳卷烟厂易地搬迁技术改造项目（国家优质工程奖、国家钢结构金奖）

郑州绿地中央广场项目（中原地标）

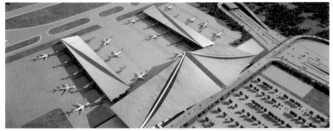
厦门高崎国际机场 T4 航站楼项目

郑州至登封快速通道少林河特大桥

郑州市轨道交通 1 号线项目

援乍得议会大厦项目

郑州中兴工程监理有限公司

郑州中兴工程监理有限公司是国内大型综合设计单位——机械工业第六设计研究院有限公司的全资子公司，隶属于大型中央企业——中国机械工业集团公司，是中央驻豫单位，公司有健全的人力资源保障体系，有独立的用人权、考核权和分配权。具备多项跨行业监理资质，是河南省第一批获得"工程监理综合资质"的监理企业；同时具有交通运输部公路工程监理甲级资质、人防工程监理甲级资质及招标代理资质和水利工程监理资质。公司充分依靠机械工业第六设计研究院和自身的技术优势，成立了公司自己的设计团队（机械工业第六设计研究院有限公司第九工程院），完善了公司业务链条。公司成立了自己的BIM研究团队，为业主提供全过程的BIM技术增值服务；同时应用自己独立研发的EEP项目协同管理平台，对工程施工过程实行了高效的信息化管理及办公。目前公司的服务范围由工程建设监理、项目管理、工程招标代理，拓展到工程设计、工程总承包（EPC）、工程咨询、造价咨询、项目代建等诸多领域，形成了具有"中兴特色"的服务。

公司自成立以来，连续多年被住房和城乡建设部、中国建设监理协会、中国建设监理协会机械分会、河南省建设厅、河南省建设监理协会等建设行政和行业主管部门评定为国家、部、省、市级先进监理企业；自2004年建设部开展"全国百强监理单位"评定以来，公司是河南省连续入围全国百强的监理企业，也是目前河南省在全国百强排名中最靠前的房建监理企业；并且连续5届荣获河南省国家级"先进监理企业"荣誉称号、荣获全国"共创鲁班奖工程优秀监理企业"，是河南省第一批通过质量、环境及职业健康安全体系认证的监理企业。

近几年来，公司产值连年超亿，规模河南第一；监理过的工程获"鲁班奖"及国家优质工程21项、国家级金奖6项、国家级市政金杯示范工程奖4项、省部级优质工程奖200余项，是河南省获得鲁班奖最多的监理企业。

公司现有国家注册监理工程师220余人，注册设备监理工程师、注册造价师、一级注册建造师，一、二级注册建筑师，一级注册结构师，注册咨询师、注册电气工程师、注册化工工程师、人防监理师共225人次；有200余人次获国家及省市级表彰。

经过近20年的发展，公司已成为国内颇具影响，河南省规模最大、实力最强的监理公司之一；国内业务遍及除香港、澳门、台湾及西藏地区以外的所有省市自治区，国际业务涉及亚洲、非洲、拉丁美洲等20余个国家和地区；业务范围涉及房屋建筑、市政、邮电通信、交通运输、园林绿化、石油化工、加工冶金、水利电力、矿山采选、农业林业等多个行业。公司将秉承服务是立企之本、人才是强企之基、创新是兴企之道的理念，用我们精湛的技术和精心的服务，与您的事业相结合，共创传世之精品。

地址：河南省郑州市中原中路 191 号
电话：0371-67606789、67606352
传真：0371-67623180
邮箱：zxjl100@sina.com
网址：www.zhongxingjianli.com
邮编：450007

广东工程建设监理有限公司

广东工程建设监理有限公司，是于1991年10月经广东省人民政府批准成立的省级工程建设监理公司。公司从白手起家，经过20多年发展，已成为拥有属于自己产权的写字楼、净资产达数千万元的大型专业化工程管理服务商。

公司具有工程监理综合资质，在工程建设招标代理行业及工程咨询单位行业资信评价中均获得最高等级证书，同时公司还具有造价咨询甲级资质（分立）、人防监理资质，以及广东省建设项目环境监理资格行业评定证书等，已在工程监理、工程招标代理、政府采购、工程咨询、工程造价和项目管理、项目代建等方面为客户提供了大量优质的专业化服务，并可根据客户的需求，提供从项目前期论证到项目实施管理、工程顾问管理和后期评估等紧密相连的全方位、全过程的综合性工程管理服务。

公司技术力量雄厚，专业人才配套齐全，并拥有中国工程监理大师及各类注册执业资格人员等高端人才。

公司管理先进、规范、科学，已通过质量管理体系和环境管理体系、职业健康安全管理体系、信息安全管理体系四位一体的体系认证，采用OA办公自动化系统进行办公和使用工程项目管理软件进行业务管理，拥有先进的检测设备、工器具，能优质高效地完成各项委托服务。

公司把"坚持优质服务、实行全天候监理、保持廉洁自律、牢记社会责任、当好工程质量卫士"作为工作的要求和行动准则，所服务的项目，均取得了显著成效，一大批工程被评为鲁班奖、詹天佑土木工程大奖、国家优质工程奖、全国市政金杯示范工程奖、全国建筑工程装饰奖和省、市建设工程优质奖等，深受建设单位和社会各界的好评。

公司有较高的知名度和社会信誉，先后多次被评为全国先进建设监理单位和全国建设系统"精神文明建设先进单位"，荣获"中国建设监理创新发展20年工程监理先进企业"和"全国建设监理行业抗震救灾先进企业"称号。被授予2014~2015年度"国家守合同重信用企业"；连续18年被评为"广东省守合同重信用企业"；多次被评为"全省重点项目工作先进单位"；连续多年被评为"广东省服务业100强"和"广东省诚信示范企业"。

公司始终遵循"守法、诚信、公正、科学"的执业准则，坚持"以真诚赢得信赖，以品牌开拓市场，以科学引领发展，以管理创造效益，以优质铸就成功"的经营理念，恪守"质量第一、服务第一、信誉第一"和信守合同的原则，一如既往，竭诚为客户提供高标准的超值服务。

地址：广州市越秀区白云路111-113号白云大厦16楼
邮编：510100
电话：020-83292763、83292501
传真：020-83292550
网址：http://www.gdpm.com.cn
邮箱：gdpmco@126.com
微信公众号：gdpm888

广州知识城广场

广州金融城

东莞玉兰大剧院

广东奥林匹克体育中心

佛山西站综合交通枢纽工程

背景：广深高速公路

合肥香格里拉大酒店

创新产业园三期一标段项目管理及监理一体化

凤台淮河公路二桥

合肥工业大学建筑技术研发中心（合肥工大监理公司总部大楼）

合肥京东方 TFT-LCD 项目

合淮阜高速公路

灵璧县凤凰山隧道及接线工程

马鞍山长江公路大桥

合肥工大建设监理有限责任公司
Hefei University of Technology Construction Supervision Co.,Ltd.

　　合肥工大建设监理有限责任公司，成立于1995年，隶属于合肥工业大学，持有住建部工程监理综合资质，交通部公路工程甲级监理资质、特殊独立大桥专项监理资质，水利部水利工程甲级监理资质，以及人防乙级监理资质等。

　　公司承揽业务包括工程监理服务和项目管理咨询服务两大板块，涉及各类房屋建筑工程、市政公用工程、公路工程、桥梁工程、隧道工程、水利水电工程等行业。曾创造了多个鲁班奖、詹天佑奖、国优、部优、省优等监理奖项，连续多年成为安徽省十强监理企业和安徽省先进监理企业，连续多年进入全国百强监理企业行列，是全国先进监理企业。

　　公司在坚持走科学发展之路的同时，注重产、学、研相结合战略，建立了学校多学科本科生实习基地；搭建了研究生研究平台；是合肥工业大学"卓越工程师"计划的协作企业，建立了共青团中央青年创业见习基地。多年来，公司主编或参编多项国家及地方标准规范。

　　公司始终坚持诚信经营，不断创新管理机制，深入贯彻科学发展观，坚持科学监理，努力创一流监理服务，为社会的和谐发展，为监理事业的发展壮大不断作出应有的贡献。

地　址：合肥工业大学校内建筑技术研发中心大楼 12-13F
电　话：0551-62901619（经营）　62901625（办公）
网　址：www.hfutcsc.com.cn

合肥市轨道交通3号线

芜湖长江公路大桥

中国银行集团客服中心（合肥）一期工程

合肥燃气集团综合服务办公楼

凝心聚力 赢在嘉宇
浙江嘉宇工程管理有限公司

浙江嘉宇工程管理有限公司，是一家具有工程监理综合资质，以工程监理为主，集项目管理和代建、技术咨询、造价咨询和审计等为一体，专业配套齐全的综合性工程项目管理公司。它源于1996年9月成立的嘉兴市工程建设监理事务所（市建设局直属国有企业），2000年11月经嘉兴市体改委和建设局同意改制成股份制企业，嘉兴市建工监理有限公司，后更名为浙江嘉宇工程管理有限公司。23年来，公司一直秉承"诚信为本、责任为重"的经营宗旨和"信誉第一、优质服务"的从业精神。

经过23年的奋进开拓，公司具备住建部工程监理综合资质（可承担住建部所有专业工程类别建设工程项目的工程监理任务）、文物保护工程监理资质、人防工程监理甲级资质、造价咨询甲级资质、综合类代建资质等，并于2001年率先通过质量管理、环境管理、职业健康安全管理等三体系认证。

优质的人才队伍是优质项目的最好保证，公司坚持以人为本的发展方略，经过23年的发展，公司旗下集聚了一批富有创新精神的专业人才，现拥有建筑、结构、给水排水、强弱电、暖通、机械安装等各类专业高、中级技术人员500余名，其中注册监理工程师100名，注册造价、咨询、一级建造师、安全工程师、设备工程师、防护工程师等90余名，省级监理工程师和人防监理工程师200余名，可为市场与客户提供多层次全方位精准的专业化管理服务。

公司不仅具备管理与监理各项重点工程和复杂工程的技术实力，而且还具备承接建筑技术咨询、造价咨询管理、工程代建、招投标代理、项目管理等多项咨询与管理的综合服务能力，是嘉兴地区唯一一家省级全过程工程咨询试点企业。业务遍布省内外多个地区，23年来，嘉宇管理已受监各类工程千余项，相继获得国家级、省级、市级优质工程奖百余项，由嘉宇公司承监的诸多工程早已成为嘉兴的地标建筑。卓越的工程业绩和口碑获得了省市各级政府和主管部门的认可，2009年以来连续多年被浙江省工商行政管理局认定为"浙江省守合同重信用AAA级企业"；2010年以来连续多年被浙江省工商行政管理局认定为"浙江省信用管理示范企业"；2007年以来被省市级主管部门及行业协会授予"浙江省优秀监理企业""嘉兴市先进监理企业"；并先后被省市级主管部门授予"浙江省诚信民营企业""嘉兴市建筑业诚信企业""嘉兴市建筑业标杆企业""嘉兴市最具社会责任感企业"等称号。

嘉宇公司通过推进高新技术和先进的管理制度，不断提高核心竞争力，本着"严格监控、优质服务、公正科学、务实高效"的质量方针和"工程合格率百分之百、合同履行率百分之百、投诉处理率百分之百"的管理目标，围绕成为提供工程项目全过程管理及监理服务的一流服务商，嘉宇公司始终坚持"因您而动"的服务理念，不断完善服务功能，提高客户的满意度。

23年弹指一挥间。23年前，嘉宇公司伴随中国监理制度而生，又随着监理制度逐步成熟而成长壮大，并推动了嘉兴监理行业的发展壮大。而今，站在新起点上，嘉宇公司已经规划好了发展蓝图。一方面"立足嘉兴、放眼全省、走向全国"，不断扩大嘉宇的业务版图；另一方面，不断开发项目管理、技术咨询、招标代理等新业务，在建筑项目管理的产业链上，不断攀向"微笑曲线"的顶端。

工程名称：嘉兴永欣希尔顿逸林酒店工程
工程规模：64634m²

工程名称：云澜湾温泉国际建设工程
工程规模：92069m²

公司地址：嘉兴市会展路207号嘉宇商务楼
联系电话
经 管 部：（0573）83971111、82060258
办公室：（0573）82097146、83378385
质 安 部：（0573）83387225、83917759
财 务 部：（0573）82062658、83917757
传　　真：（0573）82063178
邮政编码：314050
网　　址：www.jygcgl.cn
邮　　箱：zjjygcgl@sina.com

资质证书（综合正本）　　　人防资质甲级正本

2018年AAA级守合同重信用　　2017年浙江省信用管理示范企业　　浙江省名牌产品

工程名称：北大附属嘉兴实验学校
工程规模：25000万元

工程名称：嘉兴创意创新软件园一期服务中心工程
工程规模：72950m²

工程名称：嘉兴大树英兰名郡
工程规模：226926m²

工程名称：嘉兴华隆广场
工程规模：118739m²

工程名称：嘉兴世贸酒店
工程规模：64538m²

工程名称：嘉兴市金融广场
工程规模：202000m²

工程名称：嘉兴戴梦得大厦整合改造工程
工程规模：57591m²

工程名称：智慧产业园一期人才公寓
工程规模：63000m²

湖北清江水布垭水电站

广西红水河龙滩水电站

云南澜沧江小湾水电站

浙江天荒坪抽水蓄能电站

杭州西溪华东园

武汉泛悦城

绥江县移民迁建工程——绥江新城

中电投滨海北区 H1、H2、H3 海上风电

杭州大江东产业集聚区基础设施
PPP+EPC

雅鲁藏布江藏木水电站工程

南京滨江大道跨秦淮新河大桥工程

杭州五老峰隧道

浙江华东工程咨询有限公司

    浙江华东工程咨询有限公司隶属于中国电建集团，公司成立于 1984 年，是全国第一批甲级工程监理单位和第一批工程建设总承包试点单位之一，现具有工程监理综合资质、工程咨询甲级资质、招标代理甲级资质、市政公用工程施工总承包一级、政府投资项目代建等资质，是以工程建设监理和工程总承包为主，同时承担工程咨询、项目管理、工程代建、招标代理等业务为一体的经济实体。

    公司始终坚持"为客户创造价值、与合作方共同发展"的理念，秉承"做强、做优、做精品工程"的宗旨，弘扬"负责、高效、最好"的企业精神，打造"华东咨询、工程管家"企业品牌，在工程建设领域发挥积极作用。公司的业务范围主要以水利水电工程、新能源工程、市政交通工程、房屋建筑工程、基础设施工程、生态环保工程为框架，形成多行业、多元化发展战略体系。业务区域跨越全国 20 多个省市以及 10 多个海外国家。

    公司现有员工 1200 余人，其中持有国家注册各类执业资格近 800 人次。公司连续多年被评为"全国先进工程监理企业"，先后被授予"中国建设监理创新发展 20 年工程监理先进企业"、全国工程市场最具有竞争力的"百强监理单位"、中国建筑业工程监理综合实力 50 强、中国监理行业十大品牌企业、全国工程项目管理优秀品牌、浙江省文明单位。所承担的工程项目先后获得国家级、省部级以上优质工程奖百余项。

    三十余载辉煌铸就金色盾牌，百年伟业热血打造卓越品牌。展望未来，浙江华东工程咨询有限公司将持续以注重实效的管理力、追求卓越的文化力、一流工程管家的品牌力，竭诚为各业主单位提供优质服务。

地　　址：浙江省杭州市余杭区高教路 201 号
邮　　编：311122
联系电话：0571-88833886、13858099279
网　　址：www.zjhdgczx.com

长江三峡水利枢纽

武汉华胜工程建设科技有限公司
HUST WUHAN HUASHENG ENGINEERING CONSTRUCTION OF SCIENCE AND TECHNOLOGY CO.,LTD

武汉华胜工程建设科技,有限公司始创于 2000 年 8 月 28 日,是华中科技大学全资校办,具有独立法人资格的国有综合型建设工程咨询企业。现为中国建设监理协会理事单位、湖北省建设监理协会副会长单位、武汉建设监理与咨询行业协会会长单位。公司具备国家住建部颁发的工程监理综合级资质及工程咨询、招标代理等专项资质。

经过 19 年的跨越式发展,公司在"一体两翼"战略发展框架的引领下,取得了一系列骄人的成绩。以工程监理为主体,以"项目管理 + 工程代建、工程招标代理 + 工程咨询"为两翼协同发展,在业界树立起了良好口碑,赢得崇高声望。

公司连续 5 次被评为"全国先进工程监理企业",8 项工程获得"鲁班奖";4 项工程获得"国家优质工程奖";2 项工程获得"中国建筑工程装饰奖";2 项工程获得"中国安装工程优质奖";1 项工程获得"中国建设工程钢结构金奖";3 项工程获得"湖北省市政示范工程金奖"。

2016 年,公司组建了 BIM 技术研发团队,组织召开了 BIM 技术应用观摩交流会,正式成立了 BIM 研究中心,志在为业主提供更精准、更科学的现代化信息服务。2019 年,公司正式成立数字化中心,着力打造企业标准化和信息化建设,力求打造规范化、标准化、信息化、数字化的新华胜。华胜人正通过构建学习型组织,促进全员素质提升,进一步强化全体员工的责任感、危机感、使命感,众志成城、激情昂扬,打造实力华胜、质量华胜、文化华胜、智慧华胜!

当前,华胜人正在努力顺应行业改革发展大势,积极谋求企业转型升级,承担了湖北省首个全过程工程咨询业务——湖溪河综合治理工程。在决胜千里的事业征途上,华胜人志存高远,海纳百川,愿在为业主提供高附加值工程监理服务的旅途上,倾力奉献独具华胜品牌价值的全过程工程咨询服务,愿与社会各界一道,以诚相待、合作共赢,拥抱您我共荣的美好明天!

湖溪河综合治理工程(全过程工程咨询)

武汉积玉桥万达广场威斯汀酒店
(工程监理)

联想武汉研究基地(项目管理)

地址:武汉市东湖新技术开发区汤逊湖北路 33 号创智大厦 B 区 9 楼
电话:027-87459073
传真:027-87459046
邮编:430200
网址:http://www.huaskj.com

麻城市杜鹃世纪广场建设项目(工程咨询)

中国船舶重工集团第七一九研究所藏龙岛新区公共租赁住房项目(招标代理)

华中科技大学先进制造工程大楼
(工程监理)

中国建设银行灾备中心武汉生产基地
(项目管理)

红岩村大桥

潼南区中医院

歇马隧道

华岩石板隧道

重庆机场 T3 货运楼

北京现代汽车重庆工厂

两江新区五河流域水环境综合整治工程
（全过程工程咨询）

龙湖中央公园

重庆金融中心

江北嘴金融城 2 号

重庆华兴工程咨询有限公司

一、历史沿革

重庆华兴工程咨询有限公司（原重庆华兴工程监理公司）隶属于重庆市江北嘴中央商务区投资集团有限公司，注册资本金 1000 万元，系国有独资企业。前身系始建于 1985 年 12 月的重庆江北民用机场工程质量监督站，在顺利完成重庆江北机场建设全过程工程质量监督工作、实现国家验收、机场顺利通航的历史使命后，经市建委批准，于 1991 年 3 月组建为重庆华兴工程监理公司。2012 年 1 月改制更名为重庆华兴工程咨询有限公司，是具有独立法人资格的建设工程监理及全过程工程咨询技术服务性质的经济实体。

二、企业资质

公司于 1995 年 6 月经建设部以 [建] 监资字第（9442）号证书批准为重庆地区首家国家甲级资质监理单位。

资质范围：工程监理综合资质
设备监理甲级资质
工程招标代理机构资质
城市园林绿化监理乙级资质
中央投资项目招标代理机构资质

三、经营范围

工程监理、设备监理、招标代理、项目管理、全过程咨询。

四、体系认证

2018 年 12 月 25 日，中质协质量保证中心正式授予中共重庆华兴工程咨询有限公司支部委员会：中国共产党在国有企业中的"支部委员会建设质量管理体系认证证书"。公司于 2001 年 12 月 24 日首次通过中国船级社质量认证公司认证，取得了 ISO9000 质量体系认证证书。

2007 年 12 月经中质协质量保证中心审核认证，公司通过了三体系整合型认证。

1. 质量管理体系认证证书注册号：00613Q21545R3M
质量管理体系符合标准 GB/T19001-2008/ISO9001：2008。
2. 环境管理体系认证证书注册号：00613E20656R2M
环境管理体系符合标准 GB/T24001-2004 idtISO 14001：2004。
3. 职业健康安全管理体系证书注册号：00613S20783R2M
职业健康安全管理体系符合标准 GB/T 28001-2011。

三体系整合型认证体系适用于建设工程监理、设备监理、招标代理、建筑技术咨询相关的管理活动。

五、管理制度

依据国家关于工程咨询有关法律法规，结合公司工作实际，公司制定、编制了工程咨询内部标准及管理办法。同时还设立了专家委员会，建立完善了《建设工程监理工作规程》《安全监理手册及作业指导书》《工程咨询奖惩制度》《工程咨询人员管理办法》《员工廉洁从业管理规定》等标准和制度文件，确保工程咨询全过程产业链各项工作的顺利开展。

地址：重庆市渝中区临江支路 2 号合景大厦 A 栋 19 楼
电话：023-63729596、63729951
传真：023-63729596、63729951
网站：www.cqhasin.com
邮箱：hxjlgs @ sina.com

中泰正信工程管理咨询有限公司

中泰正信工程管理咨询有限公司（原黑龙江正信建设工程监理有限公司，成立于1993年，由黑龙江省工程质量监督总站和老干部实业公司发起创办），注册资本5000万元。

公司具有住建部核发的工程监理综合资质，同时具有：造价咨询甲级、文物保护监理乙级、人防工程监理乙级、设备监理乙级、招标代理资格、投资咨询资格、军工项目涉密资质、水利工程监理资质；地质灾害治理监理、地质灾害治理勘查、地质灾害治理设计、地质灾害治理危险性评估等资质。具备开展大型工程项目全过程咨询能力，并大力推进行业转型升级。

公司设立外省市分公司13家，总公司主要业务部门设有造价咨询与审计中心、项目代建（全过程咨询）中心、BIM中心、轨道交通监理分公司、管廊监理分公司、民航机场监理分公司、市政监理分公司、机电监理分公司、设备监造等15个部门，体现专业人做专业事的理念，为相关项目提供全方位管理咨询服务。

公司现有住建部国家注册监理工程师115名、注册一级建造师36名、注册造价师32名、国家发改委注册咨询工程师15名；国防科工局军工保密人员27名；水利部注册监理工程师12名；国家人防办监理工程师24名；国家文物局文物保护监理工程师36名；国家质督总局注册设备监理师26名，省级监理工程师652名。专业涵盖土木工程、工艺、结构、机电、焊接、自控、设备、材料、装饰、安全监督、造价管理等22个类别，其中高中级职称技术力量占80%以上。

秉承"创行业性、有公信力的名牌管理企业，做自律、有为的正信人"的企业精神。以全心全意为项目单位服务为宗旨，为公司赢得了良好的社会信誉及斐然业绩，被誉为"值得信赖的公司，可以信用的人"。中泰正信工程管理咨询有限公司愿与社会各界携手，共塑建设精品。

地　址：哈尔滨市南岗区红旗大街198号
电　话：0451-82326998
传　真：0451-82262620
负责人：董经理15004677762
邮　箱：zhongtaizhengxin@163.com
网　址：www.中泰正信.com

大唐集团碾子山风电场

哈尔滨城市地下综合管廊

哈尔滨地铁2号线

哈尔滨太平国际机场

杭州地铁1号线

黑龙江红兴隆农垦秸秆气化清洁能源利用（发电）

吉林梅河口市阜康热电厂

华能集团巢湖热电厂

吉林长春地铁2号线

内蒙古久泰100万吨乙二醇

松浦大桥

中央储备粮库

海投大厦

厦门中心

新一代天气雷达建设项目海沧主阵地

厦门市轨道交通 2 号线二期工程

厦门一中海沧校区工程

背景：滨湖花园

厦门海投建设监理咨询有限公司

　　厦门海投建设监理咨询有限公司成立于 1998 年，是海投集团的全资子公司。公司是省市政府投资项目代建单位，拥有房建、市政监理甲级资质、机电安装、港口与航道、人防监理乙级资质，水利水电丙级资质、招标代理乙级资质。公司成立 20 年来，逐步形成了以工程代建为龙头、工程监理为基础和造价咨询为延伸的三大业务板块。公司实施 ISO9001：2008、ISO 14001 和 OHSAS18001 即质量 / 环境管理 / 职业健康安全三大管理体系认证，是中国建设监理协会团体会员单位、福建省工程监理与项目管理协会自律委员会成员单位、福建省质量管理协会、厦门市土木建筑学会、厦门市建设工程质量安全管理协会团体会员单位、厦门市建设监理协会副秘书长单位、厦门市建设执业资格教育协会理事单位、福建省工商行政管理局和厦门市市场监督管理局"守合同，重信用"单位、中国建设行业资信 AAA 级单位、福建省和厦门市先进监理企业、福建省监理企业 AAA 诚信等级、厦门市诚信示范企业。先后荣获中国建设报"重安全、重质量"荣誉示范单位、福建省质量管理协会"讲诚信、重质量"单位和"质量管理优秀单位"及"重质量、讲效益""推行先进质量管理优秀企业"福建省质量网品牌推荐单位、厦门市委市政府"支援南平市灾害重建对口帮扶先进集体"、厦门市创建优良工程"优胜单位"、创建安全文明工地"优胜单位"和建设工程质量安全生产文明施工"先进单位"、中小学校舍安全工程监理先进单位"文明监理单位"、南平"灾后重建安全生产先进单位"、厦门市总工会"五星级职工之家""五一劳动奖状"单位等荣誉称号。

　　公司依托海投系统雄厚的企业实力和人才优势，坚持高起点、高标准、高要求的发展方向，积极引进各类中高级工程技术人才和管理人才，拥有一批荣获省、市表彰的优秀总监、专监骨干人才。形成了专业门类齐全的既有专业理论知识，又有丰富实践经验的优秀工程管理人员队伍。公司现有员工 278 人，其中拥有高级工程师 29 人、各类中级人才 124 人、国家注册监理工程师 99 人、国家注册造价师 7 人、人防总监理工程师岗位培训证 54 人、人防监理工程师培训证 44 人、人防监理员培训证 57、国家一级建造师 31 人、二级建造师 79 人、省监理工程师培训证 135 人、省监理员培训证 144 人、安全工程师 2 人。能够胜任市、区重点工程各类项目等级的建设管理工作。

　　公司坚持"公平、独立、诚信、科学"的执业准则，以立足厦门、拓展福建、服务业主、贡献社会为企业的经营宗旨。本着"优质服务，廉洁规范""严格监督、科学管理、讲求实效、质量第一"的原则竭诚为广大业主服务，公司运用先进的电脑软硬件设施和完备的专业仪器设备，依靠自身的人才优势、技术优势和地缘优势，相继承接了房屋建筑、市政公用、机电安装、港口航道、人防、水利水电等工程的代建和监理业务。公司荣获"全国优秀示范小区"称号，詹天佑优秀住宅小区金奖和广厦奖。一大批项目荣获省市闽江杯、鼓浪杯、白鹭杯等优质工程奖，以及被授予省市级文明工地、示范工地称号。

　　公司推行监理承诺制，严格要求监理人员廉洁自律，认真履行监理合同，并在深化监理、节约投资、缩短工期等方面为业主提供优良的服务，受到了业主和社会各界的普遍好评。

地　址：厦门市海沧区钟林路 8 号海投集团大厦 15 楼
业务联系电话：0592-6881025
电话（传真）：0592—6881021
邮　编：361026
网　址：www.xmhtjl.cn

西安四方建设监理有限责任公司

沣东华侨城农博园改造工程

交大西部科技创新港高端人才生活基地项目

西安四方建设监理有限责任公司成立于1996年，是中国启源工程设计研究院有限公司（原机械工业部第七设计研究院）的控股公司，隶属于中国节能环保集团公司。公司是全国较早开展工程监理技术服务的企业，是业内较早通过质量管理体系、环境管理体系、职业健康安全管理体系认证的企业，拥有强大的技术团队支持、先进管理与服务理念。

西安电子科技大学网络安全创新研究大楼工程

延安新区全民健身运动中心项目

公司拥有房屋建筑工程甲级、市政公用工程甲级、电力工程甲级、机电安装工程乙级、化工石油工程乙级、人防工程乙级等多项监理资质，同时具有工程造价甲级、工程咨询甲级、招标代理乙级资质，商务部对外援助成套项目管理企业资格，具备集工程监理、项目管理、EPC总承包、造价咨询、招标代理业务领域的专业化全过程工程咨询管理能力，成为陕西省住房和城乡建设厅批准的陕西省第一批全过程工程咨询试点企业。

公司目前拥有各类工程技术管理人员400余名，其中具有国家各类注册工程师150余人，具有中高级专业技术职称的人员占60%以上，专业配置齐全，能够满足工程项目全方位管理的需要，具有大型工程项目监理、项目管理、工程咨询等技术服务能力。

援牙买加孔子学院教学楼项目

公司始终遵循"以人为本、诚信服务、客户满意"的服务宗旨，以"独立、公正、诚信、科学"为监理工作原则，真诚地为业主提供优质服务，为业主创造价值。先后监理及管理工程1000余项，涉及住宅、学校、医院、工厂、体育中心、高速公路房建、市政集中供热中心、热网、路桥工程、园林绿化、节能环保项目等多个领域。在20多年的工程管理实践中，公司在工程质量、进度、投资控制和安全管理方面积累了丰富的经验，所监理和管理项目连续多年荣获"鲁班奖""国家优质工程奖""中国钢结构金奖""陕西省市政金奖示范工程""陕西省建筑结构示范工程""长安杯""雁塔杯"等奖项100余项，在业内拥有良好口碑。

西影文化街区西影多媒体演示中心项目

公司技术力量雄厚，管理规范严格，服务优质热情，赢得了客户、行业、社会的认可，数十年连续获得"中国机械工业先进工程监理企业""陕西省先进工程监理企业""西安市先进工程监理企业"荣誉称号。

公司依托中国节能环保集团公司、中国启源工程设计研究院有限公司的整体优势，为客户创造价值，做客户信赖的伙伴，以一流的技术、一流的管理和良好的信誉，竭诚为国内外客户提供专业、先进、满意的工程管理与技术服务。

中节能（临沂）环保能源有限公司固体废弃物应急处置项目

地　址：陕西省西安市经开区凤城十二路108号
邮　编：710018
电　话：029-62393839、029-62393830
网　址：www.xasfjl.com
邮　箱：sfjl@cnme.com.cn

援古巴太阳能电站项目

华春建设工程项目管理有限责任公司

华春建设工程项目管理有限责任公司成立于1992年。历经27年的稳固发展，现拥有全国分支机构百余家，5个国家甲级资质，包括工程招标代理、工程造价咨询、中央投资招标代理、房屋建筑工程监理、市政公用工程监理5个领域；拥有政府采购、机电产品国际招标机构资格、乙级工程咨询、丙级人防监理、陕西省壹级装饰装修招标代理、军工涉密业务咨询服务安全保密条件备案资质，以及陕西省司法厅司法鉴定机构、西安仲裁委员会司法鉴定机构等10多项资质。公司先后通过了ISO9001：2000国际质量管理体系认证、ISO14001：2004环境管理体系认证和OHSAS18001：2007职业健康安全管理体系认证，业务涵盖了建设工程项目管理、造价咨询、招标代理、工程监理、司法鉴定、工程咨询、PPP咨询和全过程工程咨询等8大板块，形成了建设工程全过程专业咨询综合性服务企业。

华春坚持"以奋斗者为本"的人才发展战略，筑巢引凤，梧桐栖凰。先后吸纳和培养了业内诸多的高端才俊，现拥有注册造价工程师126位、招标师54位、高级职称人员52位、一级注册建造师和国家注册监理工程师47位、软件工程师40位、工程造价司法鉴定人员19位、国家注册咨询工程师17位，并组建了由13个专业、1200多名专家组成的评标专家库，使能者汇聚华春，以平台彰显才气。

躬耕西岭，春华秋实，27年的深沉积淀，让华春林桃树李，实至名归。先后成为中招协常务理事单位、中国招投标研究分会常务理事单位、中价协理事单位、中价协海外工程专家顾问单位、中监协会员单位、中招协招标代理机构专业委员会委员单位、省招协副会长单位、省价协常务理事单位、省监协理事单位等；先后荣获全国招标代理行业信用评价AAA级单位、全国工程造价咨询企业信用评价AAA级单位、全国建筑市场与招标投标行业突出贡献奖、2016年全国招标代理诚信先进单位、2016年度全国造价咨询企业百强排名位列28名、2017年陕西省工程造价咨询行业二十强排名第一名、2016年度监理行业贡献提名奖、2015~2016年度先进监理企业、2014~2015年度全国建筑市场与招标投标行业先进单位、2014招标代理机构诚信创优5A级先进单位、2014年全国招标代理诚信先进单位、2017年度纳税信用A级纳税人以及"守合同重信用"企业、"五位一体"信用建设先进单位等近百项荣誉。

2014年起，华春积极响应国家6部委联合号召，顺应大势，斥资升级，开发建设了华春电子招标投标云平台，率先站在互联网新业态的发展风口上，迎风而上，展翅飞翔。2016年，华春契合"互联网+"、"大众创业、万众创新"的发展新趋势，新建开创了华春众创工场、华春众创云平台、BIM众包网等新模式。在多元化发展之下，2017年华春建设咨询集团正式成立，注册资金1亿元，员工逾1500人，旗下9个企业，设有华春建设工程项目管理有限责任公司、华春众创工场企业管理有限公司、华春网络信息有限责任公司、华春电子招投标股份有限公司等若干个专业平台公司，属于建设工程行业大型综合类咨询管理集团公司。华春现拥有25项软件著作权是高新技术企业认定单位，业务辐射全国，涉及建设工程项目管理、全过程工程咨询、BIM咨询、PPP咨询、司法鉴定、电子招标投标平台、互联网信息服务、众创空间、会计审计、税务咨询10大板块，全面实施"华春2025(4.0)"发展战略，全方位打造华春建设工程领域孵化平台，是建设工程领域全产业链综合服务集成供应商。

今天的华春，坚持不忘初心，裹挟着创新与奋斗的精神锲而不舍，继续前行，以"做精品项目，铸百年华春"为伟大愿景，开拓进取、汗洒三秦，以"为中国建设工程贡献全部力量"为使命，全力谱写"专业华春、规范华春、周全华春、美丽华春"新篇章！

◎ 联系我们

公司地址：西安市南二环西段58号成长大厦8楼
电　话：400 640 7045、029 89115858
传　真：029 85251125
网　址：www.huachun.asia

总经理、党总支书记 王莉

企业资质

企业荣誉

西藏飞天国际酒店　福建非凡研发工程　榆林市高新区朝阳大桥

陕西省宝鸡市石鼓公园　普华雁岸三四期工程　北元化工

西安三环枣园立交　陕西省医专实验楼　西安建筑科技大学综合实验楼和土木实验楼

典型案例

陕西华茂建设监理咨询有限公司

陕西华茂建设监理咨询有限公司（原陕西省华茂建设监理公司）创立于1992年8月，2008年4月由国企改制为有限公司。

公司具有国家房屋建筑工程监理甲级、市政公用工程监理甲级、机电安装工程监理乙级及军工涉密工程监理、古建文物工程监理、人防工程监理和工程招标代理甲级、工程造价咨询甲级以及中央投资项目招标代理、政府采购招标代理等专业资质。可承接跨地区、跨行业的建设工程监理、项目管理、工程代建、招标代理、造价咨询以及其他相关业务。公司还成为全工程咨询单位陕西省试点企业并取得了火箭军工程建筑监理和PPP项目咨询入库。

公司500余名从业人员中75%以上具有国家注册监理工程师、注册造价工程师、安全工程师、招标师、建造师或中高级专业技术职称，先后参加过西安音乐学院、大唐芙蓉园、经发国际大厦、九座花园、陕西省交通建设集团办公基地、西安建设工程交易中心、华山国际酒店、陕西省公路勘察设计院办公基地、大唐西市博物馆、西工大附中高中迁建项目等一大批重点工程、标志性建设工程监理，具有扎实的专业知识和丰富的实践经验。

公司在20多年的发展进程中坚持以高素质的专业管理团队为支撑，以ISO9001质量管理体系、ISO14001环境管理体系、OHSAS18001职业健康安全管理体系为保证，探索总结出一套符合行业规范和突出企业特点的经营管理激励约束机制和诚信守约服务保障机制，以及科学完备的企业规章制度。近年来，公司所监理的建设工程项目先后有4项荣获"中国建设工程鲁班奖"，6项获国家优质工程奖，37项获陕西省优质工程"长安杯"陕西省新技术应用示范工程、陕西省绿色施工示范工程、陕西省结构示范工程，以及陕西省级文明工地等，获奖总数名列陕西省同行业前茅。并被中国建设监理协会授予"全国先进监理单位""中国建设监理创新发展20年工程监理先进企业"，被中国建设管理委员会授予"全国工程招标十佳诚信单位"，被中国招标投标协会授予"招标代理机构诚信创优先进单位"，被陕西省建设工程造价管理协会授予"工程造价咨询先进企业"，被国家和陕西省建设工程造价协会分别评为"造价咨询企业信用评价AAA企业"，连续十多年被评为省、市先进监理企业，同时被陕西省工商局授予"重合同守信用"单位，被陕西省企业信用协会授予"陕西信用百强企业"等，华茂监理已成为陕西建设监理行业的著名品牌。

公司还成为中国建设监理协会常务理事、中国招投标协会会员、中国土木工程学会建筑市场与招标研究分会理事、陕西省建设监理协会常务理事、副会长、西安市建设监理协会常务理事、副会长、陕西省招标投标协会常务理事、陕西省工程造价管理协会理事、陕西省土木建筑工程学会理事单位。

公司将一如既往，秉承"用智慧监理工程，真诚为业主服务"的企业精神和"科学管理、严控质量、节能环保、安全健康、持续改进、创建品牌"的管理方针，以雄厚的综合实力、严格的内部管理、严谨的工作作风，竭诚为业界提供满意服务，建造优质工程。

中央投资

造价资质证书

工程监理资质证书

军工涉密资质

工程招标代理资质证书

文物监理资质证书

陕西省交通建设集团公司西高新办公基地获国家优质奖

华山国际酒店鲁班奖

西安建设工程交易中心获国家银质奖

大唐芙蓉园获国家优质银质奖

办公基地一期办公楼、试验楼及综合楼工程监理项目获国家银质奖